UMA BREVE HISTÓRIA DA TERRA

4 BILHÕES DE ANOS EM OITO CAPÍTULOS

UMA BREVE HISTÓRIA DA TERRA

4 BILHÕES DE ANOS EM OITO CAPÍTULOS

ANDREW H. KNOLL

Doutor em Geologia e professor de História Natural na Universidade de Harvard

ALTA BOOKS
GRUPO EDITORIAL
Rio de Janeiro, 2023

Uma Breve História da Terra

Copyright © 2023 da Starlin Alta Editora e Consultoria Eireli.
ISBN: 978-85-508-1826-9

Translated from original A Brief History of Earth. Copyright © 2021 by Andrew H. Knoll. ISBN 978-0-06-285391-2. This translation is published and sold by HarperCollins, the owner of all rights to publish and sell the same. PORTUGUESE language edition published by Starlin Alta Editora e Consultoria Eireli, Copyright © 2023 by Starlin Alta Editora e Consultoria Eireli.

Impresso no Brasil — 1ª Edição, 2023 — Edição revisada conforme o Acordo Ortográfico da Língua Portuguesa de 2009.

```
Dados Internacionais de Catalogação na Publicação (CIP) de acordo com ISBD

K72b    Knoll, Andrew H.
            Uma Breve História da Terra: 4 Bilhões de Anos em Oito Capítulos
        / Andrew H. Knoll ; traduzido por Carlos Bacci Jr. - Rio de Janeiro :
        Alta Books, 2023.
            272 p. ; 15,7cm x 23cm.

            Tradução de: A Brief History of Earth
            Inclui índice.
            ISBN: 978-85-508-1826-9

            1. História. 2. História da Terra. I. Bacci Jr, Carlos. II. Título.

                                                    CDD 900
2023-609                                            CDU 94

        Elaborado por Vagner Rodolfo da Silva - CRB-8/9410

                    Índice para catálogo sistemático:
                    1. História 900
                    2. História 94
```

Todos os direitos estão reservados e protegidos por Lei. Nenhuma parte deste livro, sem autorização prévia por escrito da editora, poderá ser reproduzida ou transmitida. A violação dos Direitos Autorais é crime estabelecido na Lei nº 9.610/98 e com punição de acordo com o artigo 184 do Código Penal.

A editora não se responsabiliza pelo conteúdo da obra, formulada exclusivamente pelo(s) autor(es).

Marcas Registradas: Todos os termos mencionados e reconhecidos como Marca Registrada e/ou Comercial são de responsabilidade de seus proprietários. A editora informa não estar associada a nenhum produto e/ou fornecedor apresentado no livro.

Erratas e arquivos de apoio: No site da editora relatamos, com a devida correção, qualquer erro encontrado em nossos livros, bem como disponibilizamos arquivos de apoio se aplicáveis à obra em questão.

Acesse o site www.altabooks.com.br e procure pelo título do livro desejado para ter acesso às erratas, aos arquivos de apoio e/ou a outros conteúdos aplicáveis à obra.

Suporte Técnico: A obra é comercializada na forma em que está, sem direito a suporte técnico ou orientação pessoal/exclusiva ao leitor.

A editora não se responsabiliza pela manutenção, atualização e idioma dos sites referidos pelos autores nesta obra.

Produção Editorial
Grupo Editorial Alta Books

Diretor Editorial
Anderson Vieira
anderson.vieira@altabooks.com.br

Editor
José Ruggeri
j.ruggeri@altabooks.com.br

Gerência Comercial
Claudio Lima
claudio@altabooks.com.br

Gerência Marketing
Andréa Guatiello
andrea@altabooks.com.br

Coordenação Comercial
Thiago Biaggi

Coordenação de Eventos
Viviane Paiva
comercial@altabooks.com.br

Coordenação ADM/Finc.
Solange Souza

Coordenação Logística
Waldir Rodrigues

Gestão de Pessoas
Jairo Araújo

Direitos Autorais
Raquel Porto
rights@altabooks.com.br

Assistente Editorial
Matheus Mello

Produtores Editoriais
Illysabelle Trajano
Maria de Lourdes Borges
Thales Silva
Thiê Alves

Equipe Comercial
Adenir Gomes
Ana Carolina Marinho
Ana Claudia Lima
Daiana Costa
Everson Sete
Kaique Luiz
Luana Santos
Maira Conceição
Natasha Sales

Equipe Editorial
Ana Clara Tambasco
Andreza Moraes
Arthur Candreva
Beatriz de Assis
Beatriz Frohe

Betânia Santos
Brenda Rodrigues
Caroline David
Erick Brandão
Elton Manhães
Fernanda Teixeira
Gabriela Paiva
Henrique Waldez
Karolayne Alves
Kelry Oliveira
Lorrahn Candido
Luana Maura
Marcelli Ferreira
Mariana Portugal
Milena Soares
Patricia Silvestre
Viviane Corrêa
Yasmin Sayonara

Marketing Editorial
Amanda Mucci
Guilherme Nunes
Livia Carvalho
Pedro Guimarães
Thiago Brito

Atuaram na edição desta obra:

Tradução
Carlos Bacci Jr

Copidesque
Carolina Freitas

Revisão Gramatical
Carolina Rodrigues
Alessandro Thomé

Diagramação
Cristiane Saavedra

Editora afiliada:

Rua Viúva Cláudio, 291 – Bairro Industrial do Jacaré
CEP: 20.970-031 – Rio de Janeiro (RJ)
Tels.: (21) 3278-8069 / 3278-8419
www.altabooks.com.br – altabooks@altabooks.com.br
Ouvidoria: ouvidoria@altabooks.com.br

Para Marsha.

Por tudo.

© 1xpert/adobe.stock.com

Agradecimentos

ESTE LIVRO É UM COMPILADO DOS FRUTOS DE UMA vida inteira tentando entender nosso planeta e a vida que há nele. Por meio de pesquisas nos cinco continentes e do ensino acadêmico, primeiro no Oberlin College e depois por quase quatro décadas em Harvard, acumulei um conhecimento enorme sobre o passado, o presente e o provável futuro da Terra. Em todas essas oportunidades de aprendizado, me beneficiei da sabedoria, da colaboração e do apoio de outras pessoas.

Em geral, os cientistas estão na confluência de duas correntes intelectuais. A primeira corresponde a tudo que fluiu para nós vindo de nossos professores. Entre meus mentores incluem-se Elso Barghoorn, pioneiro na busca paleontológica da vida primitiva da Terra; Dick Holland, um geoquímico preeminente que criou as condições propícias para a realização de pesquisas sobre a história ambiental da Terra; Stephen Jay Gould, que estimulou meu interesse pela evolução; Ray Siever, que me instigou a olhar detidamente para as rochas sedimentares; e Steve Golubic, que me ensinou sobre cianobactérias. A outra corrente nos conecta com os alunos e pós-doutorandos que trabalharam em nossos laboratórios, dos quais se origina um fluxo constante de ideias e percepções que, definitivamente, corre em duas direções. Aos ex-alunos do laboratório Knoll, que constituem um excelente grupo de cientistas e que estão levando os estudos de paleontologia, geobiologia e história da Terra rumo a novos caminhos: gratidão e orgulho é o que sinto por todos eles.

A lista de coautores em meus trabalhos científicos ao longo dos anos ultrapassa quinhentos, e não tenho como mencionar todos aqui, embora os tenha em grande apreço. No entanto, me sinto na obrigação de agradecer a John Hayes, a quem devo tudo o que sei sobre biogeoquímica; a Keene Swett e Brian Harland, que me apresentaram à pesquisa ártica; a Malcolm Walter, amigo e colega de campo em inúmeras incursões no Outback australiano; a Misha Semikhatov e Volodya Sergeev, companheiros na exploração geológica da Sibéria; a Mario Giordano, que transformou meus palpites paleontológicos em experimentos de laboratório; a John Grotzinger, um parceiro nestes últimos trinta anos em trabalhos de campo que iam da Namíbia e Sibéria a (pelo menos virtualmente) Marte; e a Dick Bambach, que há muito me desafia a pensar de novas maneiras sobre a evolução.

Ernest Hemingway contou com Maxwell Perkins para ajudar a dar forma a seus romances; eu, felizmente, conto com Peter Hubbard. *Uma Breve História da Terra* foi ideia de Peter, e seu apoio, seus conselhos e suas críticas construtivas enriqueceram cada página do livro. Agradeço também a Molly Gendell e a todos da HarperCollins pelo profissionalismo. E, por gentilmente compartilhar algumas das imagens usadas neste livro, agradeço ao Atacama Large Millimeter Array, Matteo Chinellato (via Wiki, Creative Commons), Marie Tharp Maps LLC e Lamont-Doherty Earth Observatory, Ron Blakey da Deep-Time Maps, ao Museu Nacional de História Natural do Instituto Smithsonian, ao Museu Americano de História Natural, ao Museu de Culturas Antigas da Universidade Eberhardt Karls de Tübingen, ao Instituto Scripps de Oceanografia e à Administração Nacional Oceanográfica e Atmosférica, bem como a meus amigos e colegas Zhu Maoyan, Nick Butterfield, Shuhai Xiao, Guy Narbonne, Mansi Srivastava, Frankie Dunn, Alex Liu, Misha Fedonkin, Jean-Bernanrd Caron, Alex Brasier, Hans Kerp, Hans Steur, Neil Shubin, Mike Novacek e Adam Brum.

Por último, e mais importante, agradeço à minha equipe lá de casa: Marsha, Kirsten e Rob. Sem seu amor e apoio, este livro (e muito mais) não existiria.

Sobre o Autor

ANDREW H. KNOLL É PROFESSOR DA CADEIRA FISHER de História Natural da Universidade de Harvard. Suas honras incluem o Prêmio Internacional de Biologia, as medalhas Charles Doolittle Walcott e Mary Clark Thompson da Academia Nacional de Ciências, a Medalha da Sociedade Paleontológica e a Medalha Wollaston da Sociedade Geológica de Londres. Durante quase duas décadas, serviu na equipe científica da missão Mars Exploration Rover da NASA. Knoll também é o autor de *Life on a Young Planet*, pelo qual recebeu o prêmio Phi Beta Kappa Book em Ciências.

Também de
Andrew H. Knoll

O *Life on a Young Planet*

SUMÁRIO

Prólogo: Um Convite XVI

1: Terra Química 2

2: Terra Física 30

3: Terra Biológica 54

4: Terra com Oxigênio 82

5: Terra Animal 104

6: Terra Verde 130

7: Terra Catastrófica 158

8: Terra Humana 184

Leitura Adicional 220

Índice 244

PRÓLOGO:

Um Convite

VOCÊ VIVE SUA VIDA IMANTADO À TERRA PELA força da gravidade. Cada passo o põe em contato com pedras ou com o solo, mesmo que escondidos em um revestimento de macadame ou assoalho. Você pode pensar que se livrou das garras da gravidade quando decola em um avião, mas se trata de alegria efêmera; passadas algumas horas, a gravidade prevalecerá e você voltará à terra firme.

Nossa ligação com a Terra vai muito além da gravidade. A comida que ingerimos provém do dióxido de carbono na atmosfera ou nos oceanos, associado à água e a nutrientes retirados do solo ou do mar. Ao respirar, você leva ar rico em oxigênio para os pulmões, possibilitando-lhe ganhar energia com o jantar. Ao mesmo tempo, o dióxido de carbono na atmosfera impede que você congele. Além disso, o aço da porta da geladeira, o alumínio das latas, o cobre das moedas e os metais de terras raras do celular vêm de dentro da Terra. Diante de tudo isso, é de se espantar que a maioria de nós não tenha curiosidade sobre essa grande esfera que nos sustenta e, ocasionalmente, durante terremotos ou furacões, pode nos causar danos.

Como podemos entender o lugar da Terra no Universo? De que modo surgiram as rochas, o ar e a água, elementos que definem nossa existência? Como explicamos os continentes, as montanhas e os vales, terremotos e vulcões? O que controla a composição da atmosfera ou da água do mar? Como aconteceu a imensa diversidade da vida ao nosso redor? E talvez o mais importante: como nossas próprias ações estão mudando a Terra e a vida? Em parte, são questões sobre processos, mas também são indagações históricas, e essa é a estrutura deste livro.

Esta é uma história sobre nosso lar, a Terra, e os organismos que a habitam. Tudo que diz respeito à Terra é dinâmico, sempre em constante mutação, apesar da falsa, e comum, impressão de permanência. Boston, por exemplo, tem um clima temperado, com verões quentes, invernos frios e precipitação moderada distribuída mais ou menos uniformemente ao longo do ano. As estações são previsíveis, e se você, como eu, já está por aqui há algumas décadas, pode ter a sensação de que não há nenhuma novidade nisso. Os meteorologistas, porém, dirão que a temperatura média anual em Boston aumentou mais de um grau Fahrenheit (0,6 grau Celsius) durante o tempo de vida de seus cidadãos mais velhos. Também sabemos que a quantidade de dióxido de carbono na atmosfera — um dos principais reguladores da temperatura da superfície — aumentou por volta de 1/3 desde a década de 1950.* Da mesma forma, as medições revelam que o nível global do mar está subindo e a

---

* No Brasil, estima-se que, em 2021, as emissões de CO^2 foram 2.000% maiores do que na década de 1950; a temperatura na superfície, por sua vez, aumentou 1,4° Celsius (cerca de 2,5° Fahrenheit) no mesmo período. A mudança é mais acentuada no território brasileiro do que nos Estados Unidos, por exemplo, pois o país norte-americano já iniciava a década de 1950 com altos volumes de emissão, enquanto o Brasil ainda engatinhava na era da industrialização e da comercialização de veículos. [N. da R.]

quantidade de oxigênio dissolvido nos oceanos diminuiu cerca de 3% desde que os Beatles ficaram famosos.

Pequenas mudanças se acumulam ao longo do tempo. A distância de um voo de avião de Boston para Londres aumenta uns 2,5 centímetros a cada ano, à medida que o novo fundo do mar separa lentamente a América do Norte e a Europa. Se pudéssemos rebobinar a fita, veríamos que há 200 milhões de anos, a Nova Inglaterra e a Velha Inglaterra faziam parte de um único continente, com vales rifte [vales profundos formados em fendas na superfície da Terra geradas pela ruptura ou pelo afastamento de placas tectônicas] como os vistos hoje no leste da África, onde uma bacia oceânica está apenas começando a se formar. Em escalas de tempo mais longas, as transformações da Terra são verdadeiramente profundas. Por exemplo, se você estivesse livre para vagar na Terra primitiva, teria sufocado rapidamente no ar isento de oxigênio do nosso planeta.

Um enredo sobre a Terra e os organismos que ela sustenta, de longe muito mais grandioso do que qualquer sucesso de bilheteria de Hollywood, é cheio de reviravoltas suficientes para rivalizar com um best-seller de suspense. Mais de 4 bilhões de anos atrás, um pequeno planeta se formou a partir de detritos rochosos orbitando uma modesta e jovem estrela. Em seus primeiros anos, a Terra viveu à beira de um cataclismo, bombardeada por cometas e meteoros, enquanto turbulentos oceanos de magma cobriam a superfície e gases tóxicos sufocavam a atmosfera. No entanto, com o tempo, o planeta começou a esfriar. Continentes se formaram, somente para se partirem e depois colidirem, expelindo espetaculares cadeias de montanhas, a maioria delas se desfazendo posteriormente. Vulcões um milhão de vezes maiores do que qualquer coisa já testemunhada por humanos. Ciclos de glaciação global. Inúmeros mundos perdidos cujas peças estamos apenas começando a encaixar. De alguma maneira, nesse palco dinâmico, a vida estabeleceu um ponto de apoio e, por fim, transformou a superfície do nosso planeta, abrindo caminho para trilobitas, dinossauros e uma espécie que pode falar, refletir, fazer ferramentas e, no final, mudar o mundo novamente.

Compreender a história da Terra nos ajuda a apreciar como as montanhas, os oceanos, as árvores e os animais à nossa volta surgiram, sem mencionar o ouro, diamantes, carvão, petróleo e o próprio ar que respiramos. Fazer isso fornece o contexto necessário para nos darmos conta de como as atividades humanas estão transformando o mundo no século XXI. Durante a maior parte de sua história, nosso lar foi um lugar inóspito para os humanos, e, na verdade, entre as lições duradouras da geologia está o reconhecimento de quão breve, frágil e precioso é o nosso momento atual.

AS MANCHETES, hoje em dia, muitas vezes parecem ter sido extraídas do livro do Apocalipse: incêndios florestais sem precedentes na Califórnia e a Amazônia em chamas; calor recorde no Alasca e degelo acelerado na Groenlândia; furacões gigantes devastando o Caribe e a Costa do Golfo, enquanto inundações raramente vistas assolam o meio-oeste norte-americano com crescente regularidade; Chennai, a sexta maior cidade da Índia, está ficando sem água, com a Cidade do Cabo e São Paulo ficando perto disso. A biologia traz notícias nada animadoras: uma queda de 30% nas populações de aves norte-americanas desde 1970; populações de insetos reduzidas pela metade; mortalidade massiva de corais ao longo da Grande Barreira de Corais; rápida diminuição no número de elefantes e rinocerontes; pesca comercial ameaçada em todo o mundo. O declínio populacional não é extinção, mas é a estrada que as espécies percorrem em direção ao fim do jogo biológico.

O mundo enlouqueceu? Em uma palavra, sim. E sabemos o porquê: culpa nossa. São os humanos que bombeiam gases de efeito estufa na atmosfera, não apenas aquecendo a Terra, mas aumentando a magnitude e a frequência das ondas de calor, estiagens e tempestades. E são os humanos que levaram as espécies à beira do abismo por meio das mudanças no uso da terra, da superexploração e, a cada dia mais, das mudanças climáticas. Com tudo isso pela frente, possivelmente a notícia mais deprimente de todas é a resposta humana: indiferença generalizada; talvez, em especial, em meu país natal, os Estados Unidos da América.

Por que tantas pessoas dão tão pouca importância para as mudanças planetárias que reconfigurarão a vida de nossos netos? Em 1968, Baba Dioum, um guarda-florestal senegalês, deu uma resposta memorável. "No final", disse ele, "conservaremos apenas o que amamos, amaremos apenas o que entendemos e entenderemos apenas o que nos ensinaram".

Este livro, portanto, é uma tentativa de fazer compreender. Um convite para apreciar a longa história que trouxe nosso planeta ao momento presente. Uma exortação para reconhecer quão profundamente as atividades humanas estão alterando um mundo em formação há 4 bilhões de anos. E um desafio para fazer alguma coisa a respeito disso.

© 1xpert/adobe.stock.com

Terra **Química**

FABRICANDO UM PLANETA

Todd Marshall

NO PRINCÍPIO ERA... BEM... UM PONTO, UMA PAR-tícula, uma mancha ao mesmo tempo incompreensivelmente minúscula, mas inimaginavelmente densa. Não era uma concentração localizada de coisas no vasto vazio do Universo. *Era* o Universo. Como foi parar lá, não se sabe.

O que houve antes, se é que houve, ainda é um mistério, mas há cerca de 13,8 bilhões de anos, esse núcleo primordial do Universo começou a se expandir rapidamente — um "Big Bang" que desencadeou uma imensa maré de energia e matéria. Não resultou nas rochas e minerais a que estamos acostumados, nem mesmo nos átomos constitutivos das rochas, do ar e da água. No alvorecer do Universo, a matéria consistia de quarks, léptons e glúons, um curioso elenco de partículas subatômicas que, por fim, se aglutinariam para formar os átomos.

Nosso entendimento do Universo e de sua história vem, em grande parte, da mais efêmera das fontes: a luz. As alfinetadas luminosas que dão forma ao céu noturno podem parecer improváveis nos livros de história, mas duas propriedades da luz nos ajudam a compreender como o Universo evoluiu. A primeira diz que a intensidade de diferentes comprimentos de onda na radiação que chega revela a composição de sua fonte. Nossos olhos são capazes de detectar tão somente uma estreita faixa de comprimentos de onda, mas estrelas e outros corpos celestes emitem ou absorvem um amplo espectro de radiação, de ondas de rádio e micro-ondas, a raios X e raios gama, cada um com um passado para contar. E, mais importante, a luz tem um limite de velocidade estrito: 299.792.458 metros por segundo, ou 299.791 quilômetros por segundo, no espaço. A luz solar é emitida oito minutos e vinte segundos antes de ser visível, e para estrelas e outros corpos celestes mais distantes, a luz que registramos emanou ainda mais cedo — muito mais cedo para os objetos mais distantes. É isso que faz do nosso céu estrelado um livro de história celestial.

Micro-ondas distribuídas uniformemente pelo céu são relatos do Big Bang e de suas consequências imediatas, com a radiação da primeira geração de estrelas, cuja formação ocorreu algumas centenas de milhares de anos após o início do tempo, que só agora está chegando até nós. Como essas primeiras estrelas se formaram? Tudo tem a ver com a gravidade, a arquiteta do Universo. A gravidade descreve a atração entre diferentes corpos, com a força da atração determinada pela massa dos corpos e a distância entre eles. Conforme os átomos se formavam no Universo inicial em expansão, a gravidade começou a reuni-los. Agregações locais cresceram, fortalecendo sua atração gravitacional, até que, por fim, colapsaram em globos quentes e densos, tão quentes e tão densos que os núcleos de hidrogênio se fundiram para formar hélio, liberando luz e calor. Quando isso acontece, nasce uma estrela. Grandes, quentes e de vida curta, essas estrelas primordiais definiram o curso de tudo o que viria mais tarde, inclusive nós.

A matéria gerada pelo Big Bang consistia principalmente de átomos de hidrogênio, o mais simples dos elementos, além de um pouco de deutério (hidrogênio com um nêutron adicionado) e hélio. Um tantinho de lítio também se formou, bem como quantidades ainda menores de outros elementos leves, mas não havia muito mais. Na verdade, *havia* algo mais, mas não sabemos bem o que é. Na década de 1950, os astrônomos começaram a utilizar os movimentos de estrelas e galáxias (uma coleção de estrelas, gás e poeira mantidos juntos, mais uma vez, pela gravidade) para calcular a atração gravitacional no espaço profundo; porém, quando somaram a massa de todos objetos conhecidos no céu, eles acharam que isso não bastava para explicar suas observações. Tinha que haver algo mais lá fora, algo que interagisse com a matéria normal por meio da gravidade, mas não com a luz. Os astrônomos deram-lhe o nome de matéria escura e têm conjecturas sobre o que a matéria escura pode ser, mas ninguém tem certeza. Mais misteriosa ainda é a energia escura, também considerada necessária para explicar o funcionamento do Universo. Supõe-se que ambas, a matéria escura e a energia escura, compõem cerca de 95% de tudo o que existe. Constituintes enigmáticos que não podemos detectar, acredita-se que desempenharam um papel importante na modelagem do Universo. Temos muito ainda a aprender.

Voltemos à matéria convencional. Quando teve início a era da luz das estrelas, o Universo era um coquetel frio e difuso de (principalmente) átomos de hidrogênio. As primeiras estrelas geraram mais hélio, mas não havia nada que pudesse se transformar em uma Terra (vide a tabela). De onde vieram o ferro, o silício e o oxigênio necessários para formar nosso planeta? E quanto ao carbono, nitrogênio, fósforo e outros elementos que compõem o nosso corpo? Esses e todos os outros elementos foram se originando ao longo de sucessivas gerações de estrelas, verdadeiros fornos de fundição dos átomos que um dia formariam nosso planeta. Nas altas temperaturas e pressões dentro das grandes estrelas, os elementos leves se fundiram para formar carbono, oxigênio, silício e cálcio; ferro, ouro e urânio, e outros elementos pesados foram forjados nas gigantescas explosões estelares denominadas supernovas. Seu rosto refletido no espelho pode ter décadas, mas é feito de elementos formados há bilhões de anos em estrelas ancestrais.

Na imensidão do tempo, estrelas se formaram e morreram, cada ciclo aumentando o estoque dos elementos concentrados hoje na Terra e na vida. Galáxias se fundiram e buracos negros (regiões tão densas que nenhuma luz consegue escapar) surgiram, lentamente moldando o Universo tal como o observamos hoje.

Nossa narrativa tem início cerca de 4,6 bilhões de anos atrás, tendo por foco uma modesta nuvem de átomos de hidrogênio e que continha também pequenas quantidades de gás, gelo e partículas de substâncias minerais dentro do braço espiral de uma galáxia indefinida chamada Via Láctea. A princípio, a nuvem era grande, difusa e fria (muito fria, com temperaturas de 10 a 20 na escala Kelvin, ou -460° a -420° Fahrenheit [por volta de -273° a 251° Celsius]). Provavelmente pressionada por uma supernova próxima, essa nuvem começou a colapsar em uma nebulosa muito menor, mais densa e quente. Tal como ocorreu bilhões de vezes em outras regiões do Universo, a gravidade acabou atraindo a maior parte da nuvem para uma massa central quente e densa — nosso Sol. A maior parcela do hidrogênio da nebulosa foi para o Sol, mas gelo e grãos de minerais foram particionados em um disco que girava em torno de nossa estrela ainda incipiente, em grande parte lembrando os anéis de partículas minúsculas que circundam Saturno hoje (Figura 1). No começo, esse disco era quente o suficiente para vaporizar os minerais e as partículas de gelos dos quais havia se formado. Ao longo de alguns milhões de anos, contudo, passou a esfriar, rapidamente na periferia e mais devagar quando perto do calor do Sol.

COMPOSIÇÃO BÁSICA DA TERRA E DA VIDA
(porcentagem, por peso)

TERRA	
Ferro	33
Oxigênio	31
Silício	19
Magnésio	13
Níquel	1,9
Cálcio	0,9
Alumínio	0,9
Outros	0,3

CÉLULAS NO CORPO HUMANO:	
Oxigênio	65
Carbono	18
Hidrogênio	10
Nitrogênio	3
Cálcio	1,5
Fósforo	1
Outros	1,5

FIGURA 1. Esta imagem extraordinária, obtida pelo radiotelescópio Atacama Large Millimeter Array, mostra HL Tauri, uma jovem estrela semelhante ao Sol, e seu disco protoplanetário. Os anéis e lacunas na imagem registram planetas emergentes conforme se movem em suas órbitas livres de poeira e gás. Nosso próprio sistema solar pode ter se parecido com isso há 4,54 bilhões de anos. *ALMA (ESO/NAOJ/NRAO)/NASA/ESA*

Sabemos que, de acordo com nossa experiência cotidiana, substâncias diferentes se fundem ou cristalizam sob temperaturas distintas. Na superfície da Terra, por exemplo, a água se transformará em gelo a 0° C (32° F), mas o gelo seco congela a partir do dióxido de carbono em temperaturas bem mais baixas (-78,5° C). De forma muito parecida, os minerais encontrados nas rochas cristalizam a partir de precursores fundidos em temperaturas que variam de centenas a mais de 1.000° C. Por esse motivo, à medida que o disco planetário esfriava, diferentes materiais solidificavam-se em diferentes momentos e lugares, segundo sua maior ou menor proximidade do calor do Sol. Os óxidos de cálcio, alumínio e titânio se formaram primeiro; depois, o ferro metálico, níquel e cobalto. Só mais tarde, ultrapassada a "linha do gelo", há uma certa distância do Sol, além da qual a temperatura é baixa o suficiente, surgem gelo de água, dióxido de carbono, monóxido de carbono, metano e amônia — os materiais dos oceanos, do ar e da vida. Pedaços de minerais e gelo colidiram para formar partículas maiores, que se uniram em corpos ainda maiores. Decorridos alguns milhões de anos, apenas um punhado de grandes estruturas esféricas permanecia onde o disco havia girado. A "terceira pedra a partir do Sol" era a Terra, uma massa rochosa que orbita o Sol a uma distância de cerca de 150 milhões de quilômetros.

COMO, ESPECIFICAMENTE, a Terra assumiu sua forma, e o que podemos saber sobre sua infância? Se a luz é o historiador do Universo, as rochas contam a história do nosso planeta. Ao olhar para o Grand Canyon ou se maravilhar com os picos emoldurando o Lago Louise, você está consultando a biblioteca da natureza, com volumes da história da Terra em exibição, inscritos em pedra. Sedimentos — seixos, areia ou barro formados pela erosão de rochas antigas, ou calcários precipitados a partir de corpos d'água — espalhados pelas várzeas e no fundo do mar, registrando, camada sobre camada, as características físicas, químicas e biológicas da superfície do nosso planeta na época e lugar em que se formaram. Rochas ígneas — formadas a partir de materiais fundidos nas profundezas da Terra — nos contam mais sobre o interior dinâmico do nosso planeta, tal como o fazem as rochas metamórficas forjadas a partir de precursores sedimentares ou ígneos em temperatura e pressão elevadas nas profundezas da Terra. Em termos coletivos, essas rochas se constituem em uma grande narrativa do desenvolvimento da Terra, da juventude à maturidade, da evolução da vida das bactérias até você e — talvez a narrativa mais grandiosa de todas — das maneiras pelas quais as Terras física e biológica influenciaram-se reciprocamente ao longo do tempo. Após 40 anos como geólogo, ainda me surpreendo com o fato de os penhascos ao longo da costa de Dorset, no sul da Inglaterra, me permitirem evocar uma imagem da Terra como ela era há 180 milhões de anos. Ainda mais extraordinárias, como veremos, são aquelas rochas que falam da Terra e da vida há bilhões de anos.

Se você observar com atenção os picos imponentes nas Montanhas Rochosas ou nos Alpes, outro aspecto da jornada da Terra pode se revelar. Suas formas parecidas com dentes não refletem a deposição daquelas rochas. Ao contrário, estão sendo esculpidas pela erosão, processos físicos e químicos que desgastam as rochas, erradicando sua narrativa. A Terra é um historiador que escreve com uma mão e apaga com a outra, e à medida que voltamos no tempo, o apagamento leva vantagem. Nosso planeta se aglutinou há uns 4,54 bilhões de anos, mas as rochas mais antigas conhecidas da Terra datam de aproximadamente 4 bilhões de anos. Rochas mais antigas devem ter existido, mas foram erodidas ou soterradas, e transformadas por metamorfismo em formas irreconhecíveis. Algumas ainda podem estar em uma remota encosta canadense ou siberiana, à espera de serem reconhecidas, mas, em grande parte, os primeiros 600 milhões de anos da história da Terra constituem a Idade das Trevas do nosso planeta.

Como podemos reconstruir a infância da Terra na falta de registros históricos? Acontece que temos cópias de segurança, armazenadas externamente, por assim dizer. As rochas em questão são meteoritos, sobreviventes pedregosos do sistema solar primitivo que caem na Terra de tempos em tempos. A confiança que temos de que a Terra e outros planetas se formaram há mais de 4,5 bilhões de anos vem de "relógios" geológicos confinados nos minerais que compõem essas rochas especiais. (Mais sobre como datar a história da Terra daqui a pouco.) Alguns meteoritos, chamados condritos, consistem em grânulos arredondados, em escala milimétrica, chamados côndrulos. Acredita-se que estes preservam aquelas minúsculas partículas que colidiram entre si para formar corpos maiores durante as primeiras etapas da formação do planeta (Figura 2). Essa visão é apoiada por estudos meticulosos da composição dos côndrulos, que incluem os minerais de cálcio, alumínio e titânio, os primeiros a condensar quando nosso disco solar começou a esfriar, bem como grânulos raros expelidos de uma supernova próxima e em seguida recolhidos conforme o sistema solar se formava. Os meteoritos condríticos não apenas preservam um registro direto do sistema solar primitivo, como sua composição química sugere serem eles os principais materiais a partir dos quais a própria Terra se formou.

FIGURA 2. O meteorito Allende, um condrito carbonáceo que caiu na Terra em 1969. Os grânulos arredondados em seu interior são côndrulos, esferoides rochosos que se formaram no início da história do nosso sistema solar e se aglutinaram em corpos maiores para, por fim, formarem os planetas internos do nosso sistema solar, incluindo a Terra. Os condritos carbonáceos contêm água e moléculas orgânicas, fornecendo materiais que finalmente acabariam em nossa atmosfera, oceanos e vida. O bloco que está ao lado dele tem 1 cm de cada lado. *Matteo Chinellato (via Wiki, Creative Commons)*

Transcorridos alguns milhões de anos, a maior parte da rocha e do gelo ao redor do nosso Sol foi se agrupando em planetas. Na visão convencional, partículas de poeira, minúsculas, se uniam para formar grânulos maiores, e estes, por sua vez, agregavam-se em corpos maiores, por fim formando planetesimais, pedaços de rocha na escala de quilômetros, como muitos dos asteroides encontrados hoje entre as órbitas de Marte e Júpiter. Em uma hipótese alternativa, corpos semelhantes a planetas se aglutinaram diretamente de partículas do tamanho de seixos. Seja como for, conforme o processo de acreção [da astronomia: processo pelo qual um corpo celeste atrai para si moléculas de gases e outros elementos interestelares] se aproximava da completude, restavam apenas cerca de cem corpos, de um tamanho que variava entre os da Lua e Marte. Estes colidiriam para formar os planetas do nosso sistema solar. Um desses cataclismos teve reflexos profundos naquele que viria a ser nosso lar. Algumas dezenas de milhões de anos depois do processo de acreção da Terra, um corpo do tamanho de Marte colidiu com nosso planeta infante, expelindo rocha e gás no espaço. Grande parte do material ejetado se juntou para formar uma esfera rochosa relativamente pequena, travada em órbita permanente ao redor da Terra. A lua cheia pode inspirar poesia, mas nasceu na violência, seus segredos revelados por meio de meticulosos estudos das rochas lunares.

A TERRA É UMA BOLA ROCHOSA cujo diâmetro tem 12.746 km, na região do equador [circunferência de diâmetro máximo da Terra]. (Na verdade, nosso planeta não é exatamente esférico. Em virtude de sua rotação, a Terra se estende um pouco no equador e se achata em direção aos polos.) Se você cortar a Terra ao meio (algo que não recomendo), verá que nosso planeta não é homogêneo, mas tem camadas concêntricas, como um ovo cozido (Figura 3). A "gema" da Terra é o núcleo, um corpo interno quente e denso que representa cerca de 1/3 da massa do planeta. O núcleo consiste principalmente de ferro, um pouco de níquel e aproximadamente 10% de elementos mais leves em que se acredita incluírem-se hidrogênio, oxigênio, enxofre e/ou nitrogênio. Temos que nos contentar com o "se acredita incluírem-se", por que, com o devido respeito a Júlio Verne, ninguém jamais viajou ao centro da Terra para obter uma amostra. As ondas de energia provocadas por terremotos agem como uma tomografia computadorizada em hospitais, e os detalhes de como essas ondas são transmitidas, refletidas, refratadas ou absorvidas pelo planeta revelam as dimensões e a densidade do núcleo. Quanto à densidade, esta requer que o núcleo consista principal, mas não integralmente, de ferro. Experimentos e cálculos laboratoriais indicam que certa mistura de elementos leves, como os mencionados, pode explicar a densidade observada, mas a natureza exata dessa mistura permanece desconhecida porque nenhuma composição dá uma solução única para o problema. O núcleo interno — uma bola com um raio de 1.226 km — é sólido, enquanto o núcleo externo (cerca de 2.260 km de espessura) permanece derretido e se move lentamente por convecção, conforme o material denso próximo à base aquece e começa a subir, até que, por fim, esfria e volta a afundar para a base. Esse movimento do núcleo externo gera um dínamo elétrico, resultando no campo magnético da Terra. Você pode não pensar no campo magnético diariamente, mas deveria ser grato por ele existir. O campo protege nossa atmosfera de ser devastada pelo vento solar (um fluxo energético de partículas carregadas que emanam do Sol), enquanto faz as bússolas assinalarem (aproximadamente) onde é o norte.

O manto da Terra — a clara do nosso ovo planetário — envolve o núcleo. Representando por volta de 2/3 da massa do nosso planeta, o manto consiste principalmente de silicatos — minerais ricos em dióxido de silício (SiO_2, o quartzo em sua forma cristalina pura) combinados com magnésio e quantidades menores de ferro, cálcio e alumínio. Novamente, muito do que sabemos sobre o manto vem das ondas sísmicas provocadas por terremotos, devidamente interpretadas por experimentos de laboratório. Vez por outra, todavia, a Terra nos agracia transportando pedaços do manto para a superfície. Os diamantes são mensageiros particularmente notáveis do interior profundo. Formados a 160 km ou mais abaixo da superfície, esses pedaços de enorme dureza de carbono puro são transportados para a superfície pelo magma, a fonte derretida da lava e de outras rochas ígneas. Lorelei Lee [personagem de um famoso filme estrelado por Marilyn Monroe] insistia que os diamantes são os melhores amigos de uma garota, mas também são amigos do geólogo, pois eles geralmente contêm pequenas inclusões de material do manto, que podem ser estudadas em laboratório.

O manto é sólido, mas em longas escalas de tempo sofre um processo de convecção [movimento de subida e descida de um fluido pela diferença de temperatura entre o topo e a base deste, como a água fervendo em uma panela]. O padrão tridimensional preciso da circulação do manto continua sendo motivo de debate, assim como a questão de saber se todas as partes do manto geram rochas vulcânicas que sobem à superfície. Os geólogos estão de acordo, entretanto, que foi a fusão parcial das rochas do manto que deu origem à camada mais acessível da Terra, a crosta.

Com menos de 1% da massa do nosso planeta, a crosta — que na analogia com um ovo seria a casca fina que o reveste — é a única camada cuja observação e amostragem podemos fazer rotineiramente, permitindo formar um acervo notável de conhecimento. Os continentes são feitos de uma crosta contendo quartzo (SiO_2) e minerais do grupo dos feldspatos, ricos em sódio e potássio, exemplificados pelos granitos encontrados nas White Mountains de New Hampshire [nordeste dos Estados Unidos] ou nas Sierras Nevadas, inseridas dramaticamente no Parque Nacional de Yosemite [estado da Califórnia, nos Estados Unidos].* Já no fundo dos oceanos, a crosta é diferente, consistindo de rochas basálticas como

---

* No Brasil, é possível fazer observações semelhantes na Serra do Mar, nos montes que circundam os municípios de Petrópolis (RJ) e de Campos do Jordão (SP), ou nas serras ao redor da Baía de Paranaguá (PR). [N. da RT.]

aquelas decorrentes dos vulcões havaianos. Elas contêm feldspatos cálcicos ou sódicos, mas não quartzo. A crosta continental é mais grossa e menos densa do que sua congênere abaixo dos oceanos, e por isso ela "flutua" acima da crosta oceânica, como cubos de gelo em uma bebida gelada. Na verdade, é justamente porque a água na superfície da Terra se acumula em depressões topográficas que a crosta basáltica se localiza principalmente embaixo do mar.

> **COMO SE FORMARAM AS CAMADAS DA TERRA?** Podemos levantar a hipótese de que as camadas concêntricas da Terra refletem o acréscimo sequencial de materiais distintos ao passo que nosso planeta se aglutinava, mas essa ideia entra em conflito com muitas observações físicas e químicas. Em vez disso, a maioria dos cientistas concorda que, conforme a Terra nascente crescia, o calor ocasionado pelas contínuas colisões e o decaimento dos isótopos radioativos derretiam o planeta.

○ ELEMENTOS, ISÓTOPOS E COMPOSTOS QUÍMICOS

Os elementos químicos são os blocos de construção básicos de compostos químicos, e suas propriedades são determinadas pelo número de prótons e elétrons que têm [nêutrons também contribuem para as propriedades dos elementos químicos, como veremos mais adiante]. O carbono, por exemplo, se liga a outros elementos em padrões característicos graças aos seis prótons e seis elétrons de sua composição. O oxigênio se distingue porque tem oito prótons e oito elétrons. A Tabela Periódica, orgulhosamente exibida nas salas de aula ao redor do mundo, nos dá uma visão sistemática de como os prótons e elétrons dos 118 elementos conhecidos determinam as ligações químicas que eles fazem e, consequentemente, como se distribuem na natureza.

Todos os átomos de carbono têm seis prótons e seis elétrons, porém, o número de nêutrons pode variar. A maioria dos átomos de carbono — cerca de 99% — são carbono-12, que contém seis nêutrons e seis prótons, para um peso atômico de 12 (uma escala na qual o átomo de hidrogênio é definido como tendo peso 1). Cerca de 1% dos átomos de carbono, no entanto, tem um nêutron extra, para um peso atômico de 13. E alguns átomos de carbono em cada trilhão têm oito nêutrons, para um peso atômico de 14. O carbono-14 talvez seja familiar por ter uma propriedade peculiar e particularmente útil: é radioativo. Isótopos radioativos são instáveis, decaindo ao longo do tempo em átomos "filhos", mais estáveis. O carbono-14 decai espontaneamente em nitrogênio-14. No laboratório, podemos medir a taxa desse decaimento. Metade do carbono-14 presente em uma amostra decairá em nitrogênio em 5.730 anos (chama-se a isso de meia-vida). Isso faz do C-14 um cronômetro valioso para pesquisas arqueológicas. Contudo, após algumas dezenas de milhares de anos, simplesmente não há C-14 suficiente em uma amostra para medições precisas, então é necessário olhar para outros isótopos, especialmente os de urânio, para datar o passado ancestral da Terra.

O número de prótons e de elétrons define a identidade de um elemento, e, portanto, os tipos de reações químicas em que ele participará. Já os diferentes pesos dos isótopos influenciam as taxas em que essas reações ocorrem. Por sua vez, os isótopos radioativos de certos elementos fornecem as ferramentas de calibração da história da Terra. Como veremos, tais características dos isótopos os tornam indispensáveis nas pesquisas sobre a história da Terra e da vida.

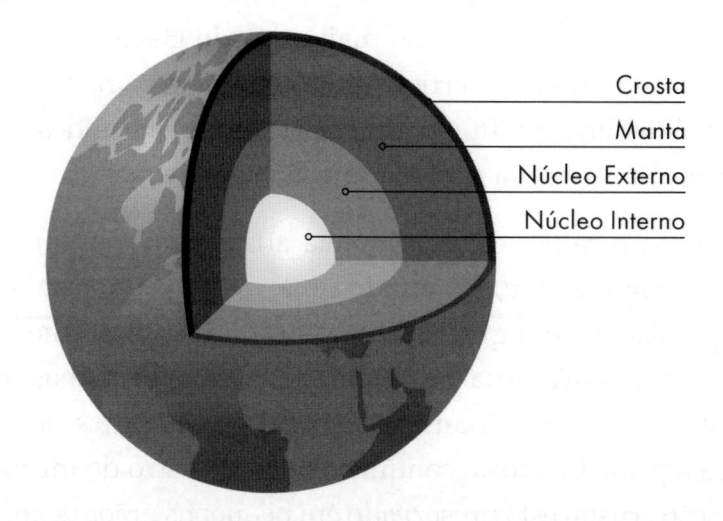

FIGURA 3. Um corte transversal da Terra mostrando o zoneamento do interior de nosso planeta. A crosta em que pisamos é apenas uma fina camada superficial. A atmosfera e os oceanos são ainda mais finos. *Illustration © Macrovector/adobe.stock.com*

Elementos mais pesados, em particular o ferro, afundaram para o centro, enquanto minerais de silicato de magnésio e outras combinações de ferro, alumínio, cálcio, sódio, potássio e sílica formaram uma camada externa. A estrutura concêntrica do núcleo e do manto da Terra emergiu, com a camada superficial da crosta vindo logo em seguida.

Como a crosta foi formada? Para responder a essa pergunta, é preciso relembrar uma afirmação feita anteriormente: diferentes minerais se fundem ou cristalizam em temperaturas distintas. Durante alguns milhões de anos após a formação da Terra, o manto quente gerou materiais fundidos, que subiram à superfície e se espalharam pelo planeta, formando o que os cientistas chamam de oceano de magma. Se você já viu lava fluindo do Kilauea, o vulcão mais ativo do Havaí, tem ideia da paisagem: uma superfície preta, áspera, com rachaduras por onde escorre um fluido laranja, brilhante e incandescente, toda envolta em uma camada turbulenta de vapor.

Como o calor se dissipava na atmosfera, o oceano de magma logo esfriou, formando uma crosta primordial cuja composição era em grande parte basáltica. E conforme essa crosta engrossava e sua base começava a derreter, rochas ricas em sílica, muito semelhantes ao granito, passaram a se formar — era a primeira crosta continental. Um registro do início da evolução crustal está preservado em pequenos grãos de minerais chamados zircões. O zircão (silicato de zircônio, $ZrSiO_4$) é um mineral que se forma à medida que rochas ígneas ricas em sílica se cristalizam com magma fundido. Os zircões têm uma propriedade interessante que é valorizada pelos geólogos: enquanto se cristalizam, zircões incorporam um pouco de urânio em suas estruturas, mas não incorporam chumbo, porque os íons de chumbo são muito grandes para caber nos cristais em crescimento. Por que isso importa? Alguns íons de urânio são radioativos: urânio-235 e urânio-238 decaem para chumbo-207 e chumbo-206, respectivamente, em taxas que podem ser medidas em laboratório. O urânio-238 tem uma meia-vida de 4,47 bilhões de anos, o que implica que, nessa escala de tempo, metade do urânio-238 em uma amostra terá decaído para chumbo-206. Da mesma forma, o urânio-235 tem uma meia-vida de 710 milhões de anos. Como nenhum chumbo se integrou aos zircões enquanto eles se formaram, qualquer quantidade de chumbo que medimos neles hoje deve ter se formado pelo decaimento radioativo do urânio. Desse modo, medindo cuidadosamente os teores de urânio e de chumbo em zircões, ganhamos um relógio, o melhor cronômetro da Terra para calibrar o passado ancestral do nosso planeta.

Certo, então os zircões nos ajudam a contar o tempo geológico. No entanto, se não há rochas na Terra com mais de 4 bilhões de anos, como os zircões podem revelar a história mais antiga do nosso planeta? Para responder isso, é preciso ir à praia. Para minha família, a região costeira preferida é o North Shore de Massachusetts, e suas areias, nas quais moldamos castelos, são o resultado da erosão de antigos planaltos cujos remanescentes podem ser vistos nas montanhas de New Hampshire e outras cordilheiras ao longo da espinha dorsal da Nova Inglaterra. Essas montanhas expõem granitos que se formaram durante um evento orogênico [formador de montanhas] há 400 milhões de anos. Sabemos sua idade porque os granitos contêm zircões, que indicam com precisão sua época de formação. Com o tempo, alguns desses zircões sofreram erosão, foram arrastados pelos rios até a costa e, por fim, depositados em pequenos grãos (por enquanto) nas praias arenosas de Massachusetts. Assim, as praias são modernas, mas constituídas de grãos de areia antiquíssimos, incluindo zircões de 400 milhões de anos.

Isso explica como os zircões podem iluminar a Idade das Trevas da Terra. Na Austrália Ocidental, um afloramento pouco atraente de rochas intemperizadas em laranja chamado Formação Jack Hills expõe arenitos e cascalhos depositados por rios há uns 3 bilhões de anos. A idade da rocha chama a atenção — não temos muitas rochas sedimentares tão antigas —, mas a verdadeira dádiva de Jack Hills se torna visível quando olhamos de perto os grãos que se consolidaram como um arenito tantos éons [maior divisão do tempo geológico] atrás. Entre eles estão os zircões, dos quais cerca de 5% têm mais de 4 bilhões de anos. Trata-se do relógio mais antigo, com 4,38 bilhões de anos — quase a idade do planeta. Descobertas semelhantes foram feitas recentemente na África do Sul e na Índia.

O que podemos aprender ao estudar esses minerais antigos? Primeiro, zircões não se formam em todas as rochas ígneas; a maioria ocorre na crosta rica em sílica, com composições variáveis ao longo do caminho químico que leva até os granitos. Com isso, os zircões sugerem que a diferenciação da crosta terrestre teve início cedo na história do nosso planeta. A química do oxigênio nos zircões também dá a entender que a água líquida já existia há 4,38 bilhões de anos: a hidrosfera da Terra é quase tão antiga quanto o planeta. E em alguns zircões antigos foi constatada a presença, em proporções mínimas, de outros minerais que podem ser usados para inferir as propriedades do interior da Terra há mais de 4 bilhões de anos. Talvez o que provoque maior — e controverso — interesse sejam pequenas manchas de grafite, um mineral constituído de carbono puro, em um zircão de 4,1 bilhões de anos. Isso poderia ser uma assinatura fragmentária da vida? Voltaremos a essa questão no Capítulo 3. Por ora, continuemos a examinar o retrato que emerge lentamente de nosso planeta em sua juventude.

ATÉ AQUI, consideramos a composição da Terra, mas cabe perguntar: e as características mais críticas para a vida — a água nos oceanos e os gases na atmosfera? Por muitos anos, cientistas planetários teorizaram que a água e o ar da Terra vieram principalmente de cometas adicionados ao planeta em crescimento, em uma espécie de camada superficial tardia. Os cometas, conhecidos como "bolas de neve sujas", são mensageiros das regiões externas do sistema solar primitivo e se constituem principalmente de gelo e uma pequena parcela de materiais rochosos. O progresso recente na compreensão da química dos cometas nos autoriza testar as hipóteses de suas origens. O esclarecimento é proporcionado pelos isótopos de hidrogênio. Temos uma boa noção das quantidades relativas de hidrogênio e deutério (já apresentado, é um isótopo de hidrogênio que contém um nêutron, um próton e um elétron) na água e em outras substâncias que contêm hidrogênio na Terra. Devido a isso, candidatos plausíveis para a fonte de água da Terra devem ter uma proporção semelhante de hidrogênio para deutério. Os cometas, infelizmente, não passam nesse teste. A distinta química de hidrogênio sugere que eles podem representar não mais de aproximadamente 10% da água da Terra.

O resto de nossa água, os gases em nossa atmosfera e o carbono em nosso corpo chegaram aqui em alguns dos meteoritos que formaram o planeta como um todo. Em particular, determinados tipos de meteoritos condríticos que se acredita terem chegado ao longo dos estágios finais do crescimento da Terra. Um grupo de condritos, denominado condritos carbonáceos, merece atenção especial, uma vez que eles abrangem de 3% a 11% de água em massa, principalmente ligada quimicamente a argilas e outros minerais, bem como cerca de 2% de matéria orgânica (moléculas formadas pela ligação entre átomos de carbono e de hidrogênio), incluindo aminoácidos, como os encontrados em proteínas. Os meteoritos condríticos, portanto, fornecem uma fonte de água e carbono e, ao contrário dos cometas, passam no teste do isótopo de hidrogênio. Assim, ao que parece, meteoritos condríticos de diferentes tipos forneceram a maior parte da rocha, água e ar do que chamamos de lar.

Na Terra primitiva, o calor teria expulsado o vapor de água, o nitrogênio e o dióxido de carbono do interior, formando uma atmosfera quente e densa, talvez cem vezes mais densa que a de hoje. Todavia, conforme a Terra esfriou, a maior parte do vapor de água se condensou na forma de chuvas, que se concentraram para formar os oceanos. Ao mesmo tempo, parte do dióxido de carbono da atmosfera reagiu quimicamente com rochas e água para formar calcário, retornando à Terra sólida como sedimentos. Essa Terra talvez se parecesse com o Havaí, com vulcões envoltos em nuvens emergindo do mar. Pode ter havido um componente alienígena, porém, como alguns cientistas pensam, pequenas moléculas orgânicas, formadas por reações químicas acionadas por radiação, teriam formado uma bruma alaranjada na espessa atmosfera primitiva.

A desgaseificação não foi completa — ainda há mais água no manto do que nos oceanos. O movimento da água do manto para a superfície não era uma via de mão única. Há razões para acreditar que o manto quente da Terra em sua juventude poderia conter menos água do que hoje, então, os primeiros oceanos podem ter sido maiores do que os atuais. Uma coisa é certa: o oxigênio gasoso não fazia parte dessa atmosfera primitiva. Como veremos no Capítulo 4, o oxigênio que nos sustenta surgiu mais tarde, alavancado por processos biológicos, em vez de processos exclusivamente físicos.

À medida que a Terra esfriava e começava a se diferenciar, a influência de grandes meteoros aos poucos diminuía. Ainda hoje meteoritos atingem a Terra. Em 1992, um pequeno meteorito esmagou um carro na cidade de Peekskill, Nova York, e os visitantes da magnífica Cratera do Meteoro, perto de Flagstaff, Arizona, podem olhar para um buraco de quase 1,2 km de diâmetro escavado por um impacto ocorrido uns 50 mil anos atrás.* Dito isto, a *frequência* das colisões e o tamanho

---

* Na fronteira entre os estados de Mato Grosso e de Goiás, Centro-Oeste do Brasil, encontra-se uma estrutura circular de quase 40 km de diâmetro que acredita-se ter se formado pelo impacto de um meteorito há cerca de 250 milhões de anos. Conhecida como Astroblema de Araguainha, é a maior cratera de impacto conhecida na América do Sul. Já na Argentina, ocorre um conjunto de crateras de pequenas dimensões em uma região chamada de Campo del Cielo, e acredita-se terem se formado em uma chuva de meteoros há cerca de 4 mil anos. [N. da RT.]

máximo dos meteoritos foram diminuindo com o passar dos milênios. Na Terra jovem, os impactos capazes de vaporizar os oceanos primitivos continuaram por algum tempo. A prova disso não vem de nosso próprio mundo, mas de nosso vizinho planetário, Marte, no qual uma antiga superfície de crateras ainda é preservada nos planaltos meridionais. Algumas dessas crateras são gigantescas. Uma delas, resultante de uma colisão excepcional, chamada Hellas Planitia, tem cerca de 2.300 km de diâmetro — aproximadamente a distância que separa Boston de Nova Orleans [ou a distância entre a capital do estado de São Paulo e a cidade de São Luís, no Maranhão]. A energia de tal impacto faria as bombas atômicas parecerem fogos de artifício.

A escala de tempo exata do declínio dos impactos permanece um tema de intenso debate. Desde o início da exploração da Lua, popularizou-se pensar em termos de um Bombardeio Pesado Tardio, um período situado em torno de 3,9 bilhões de anos atrás, caracterizado por golpes particularmente vigorosos de meteoritos sobre o sistema solar interior. A evidência empírica para isso vem principalmente de amostras de diferentes regiões da superfície lunar coletadas por astronautas. Surpreendentemente, amostras independentes, colhidas em regiões distintas, contêm evidências de eventos de choque datados de aproximadamente 3,9 bilhões de anos. Isso foi originalmente interpretado como uma discreta elevação na taxa de impacto de meteoritos, segundo modelos que mostraram como o empuxe das órbitas de Saturno e Júpiter poderia ter expelido muito material do sistema solar exterior. Alguns cientistas, no entanto, analisam de forma diferente, argumentando que a evidência generalizada de impactos de 3,9 bilhões de anos atrás na Lua na verdade deriva de um grande evento, não de uma frota estelar de meteoros separados. Outros argumentam que o aparente pico de 3,9 bilhões de anos é um artefato [observação científica que não reflete a forma natural da ocorrência e decorre da forma em que foi feita a análise ou a amostragem] que reflete uma diminuição de longo prazo na intensidade do impacto no decorrer do tempo. Modelos mais recentes da dinâmica do sistema solar apoiam a ideia de um evento de bombardeio discreto [ocorrido de uma só vez], mas sugerem que isso pode ter acontecido muito antes. Atualmente, muitos cientistas acreditam que entre 4,2 e 4,3 bilhões de anos atrás, impactos fortes o bastante para vaporizar os oceanos não ameaçavam mais a Terra.

Esse notável drama do nascimento da Terra — a acreção proveniente de material estelar antigo, a fusão global e diferenciação que moldou o interior do nosso planeta, e a formação dos oceanos e da atmosfera — foi encenado em uma escala de tempo de 100 milhões de anos ou menos. Há 4,4 bilhões de anos, a Terra já havia se tornado reconhecivelmente um planeta rochoso banhado por água sob uma fina camada de ar. Os continentes começavam a se formar, mas não eram extensos e podem ter sido inundados principalmente pelo mar. Eu imagino a jovem Terra como uma espécie de Indonésia global, com arcos de vulcões erguendo-se acima do mar e limitadas massas de terra a título de continentes. A Terra estava envolta por uma atmosfera espessa, mas isenta de oxigênio. Humanos que viajassem no tempo não viveriam muito naquele primitivo ambiente terráqueo. Assim, apesar de algumas características familiares, aquela ainda não era a nossa Terra. O mundo que conhecemos de grandes continentes, ar respirável — e vida — ainda estava por vir.

© 1xpert/adobe.stock.com

2

Terra **Física**

MOLDANDO O PLANETA

Todd Marshall

AS FLATIRONS,* FORMAÇÕES ROCHOSAS A OESTE DE Boulder, Colorado, projetam-se para cima como dentes gigantescos que se abrem estalando para o céu, com seu cavalgamento vertical acentuado por planícies suavemente onduladas a leste. Todos conhecemos os grandes traços topográficos distintivos do nosso planeta: as Montanhas Rochosas, os Alpes e outras cadeias de montanhas que contrastam com vastas áreas planas de pradarias, estepes e planícies costeiras. Continentes e ilhas vulcânicas, muitas vezes encadeadas como um colar incandescente, emergem de uma enorme extensão de oceano. Terremotos, uma ameaça constante em algumas partes do mundo, são pouco conhecidos em outras. Como tais características da superfície do nosso planeta surgiram e o que elas nos dizem sobre o que acontece no interior da Terra?

O aplaudido autor John McPhee, resumindo sua própria exploração dos meandros da Terra, escreveu certa vez: "Se

---

* Flatirons são feições geomorfológicas na forma de planos triangulares fortemente inclinados, formados pela erosão diferencial entre camadas de rochas de diferentes resistências. Costumam ser mais comuns em climas frios e secos, que preservam a geometria triangular por mais tempo. No Brasil, embora possam existir flatirons locais e de pequenas dimensões, feições similares podem ser observadas em algumas regiões do Parque Estadual da Serra da Canastra (São João Batista do Glória, MG) e do Parque Nacional da Serra dos Órgãos (Teresópolis, RJ). [N. da RT.]

eu fosse obrigado a restringir toda esta escrita a uma frase, eis a que escolheria: o cume do Monte Everest é de calcário marinho". O Monte Everest, com conchas fósseis a mais de 8 km acima do mar; as Flatirons, com leitos originalmente horizontais agora quase verticais; o Monte Fuji erguendo-se majestosamente acima dos campos de arroz da ilha de Honshu — essas e muitas outras características nos forçam a perceber o dinamismo da superfície da Terra: um caleidoscópio em constante mudança de geografia, topografia e clima. Essa é a perspectiva predominante hoje em dia, mas demorou muito tempo para se estabelecer.

Durante milênios, nossos ancestrais aceitaram as características físicas da Terra como algo permanente — barreiras imutáveis, faixas de terra ligando territórios, recursos e totens que circunscrevem nossa vida. A visão estática da Terra começou a ruir no século XVII, quando Nicolas Steno, médico da corte da família Médici, reconheceu as *glossopetrae* — pedras em forma de língua que são expostas pelo intemperismo nas encostas da Toscana — como os dentes de tubarões que viveram outrora. O raciocínio de Steno foi o de que, à medida que os tubarões morriam e se putrefaziam, seus dentes se depositavam em sedimentos no fundo do mar. Aceitar isso significava que a descoberta de dentes de tubarão nas colinas acima de Florença evidencia um de dois fenômenos: ou o mar já foi mais alto do que é hoje, ou as rochas que formam as colinas foram levantadas acima do mar.

O conceito de impermanência geológica ganhou força mais de um século depois, por meio dos escritos de

James Hutton, comumente considerado o pai da geologia moderna. Enquanto passeava pelas colinas perto de sua casa em Edimburgo, e à semelhança de outros naturalistas do final do século XVIII, Hutton observou o quanto as plantas e seu ambiente estavam correlacionados. Da mesma forma, algas e anêmonas marinhas, nas águas do vizinho estuário do Rio Forth, pareciam adequar-se bem ao próprio habitat. Mas, em sua observação, Hutton foi além. A erosão estava lenta, mas desgastando inexoravelmente as colinas. E a areia e a lama produzidas por essa erosão foram gradualmente preenchendo o estuário.

Para Hutton, isso era um enigma. Se esses habitats estivessem em contínuo estado de decadência, como poderiam as espécies neles existentes, tão manifestamente desenvolvidas para os ambientes onde prosperam, persistir por longos intervalos de tempo? A solução de Hutton foi das mais engenhosas em sua simplicidade: com o decorrer do tempo, qualquer montanha é erodida, mas o soerguimento (Hutton supunha que o calor fosse um mecanismo) produzirá uma nova. Assim também as baías podem ser preenchidas, mas o movimento no interior da Terra garantirá que novas baías continuem a se formar. A constância ambiental da Terra, então, é mantida dinamicamente por intermédio de um jogo de equilíbrio entre soerguimento e erosão.

Se os geólogos têm uma Meca, ela é Siccar Point, um promontório rochoso ao longo da costa escocesa, a leste de Edimburgo. Ali, arenitos planos sobrepõem-se a uma superfície erodida de rochas mais antigas verticalmente posicionadas (Figura 4). As rochas verticalizadas na base da exposição foram depositadas há muito tempo como camadas horizontais de sedimentos, que se acumularam no antigo fundo do mar, uma após a outra. Mais tarde, forças geológicas as impulsionaram para cima, inclinando-as em sua orientação atual. Ainda mais tarde, a erosão esculpiu uma superfície plana sobre tais camadas, que acabou sendo coberta por novos sedimentos depositados por rios que cruzaram uma antiga planície de inundação. Atualmente, todo o conjunto fica acima do Mar do Norte, sendo lentamente erodido. Visitando o local de barco, em 1788, Hutton constatou o dinamismo que havia inferido a partir das encostas escocesas e percebeu que a história que se manifestava em Siccar Point exigiu um enorme intervalo de tempo para se desenrolar. John Playfair,* colega de Hutton, lembrou, anos depois: "A mente parecia entrar em vertigem ao olhar tão longe no abismo do tempo." Hutton não tinha como saber a idade das rochas de Siccar Point, mas agora entendemos que as camadas verticais foram depositadas entre 440 e 430 milhões de anos, durante o Período Siluriano, enquanto os arenitos sobre elas datam do Período Devoniano, por volta de 60 milhões de anos depois.

---

* Matemático, astrônomo, geólogo e filósofo escocês, escreveu o livro *Ilustrações da Teoria Huttoniana da Terra* (1802), que resumiu o trabalho de James Hutton e é creditado por tornar suas teorias populares. [N. da RT.]

FIGURA 4. Siccar Point, na Escócia, onde James Hutton se apercebeu do dinamismo da Terra e da imensidão do tempo. *Andrew H. Knoll*

Ao passo que os geólogos do século XIX e início do século XX mapeavam a Terra, tornou-se cada vez mais evidente a recorrência dos ciclos de erosão e soerguimento da crosta. Mas em lugares como os Alpes, olhos treinados viram que as falhas e dobras expostas nas encostas das montanhas exigiam mais do que movimentação vertical. As rochas também tiveram que se mover lateralmente. A compreensão moderna da superfície ativa da Terra e das feições que ela produz começaram a tomar forma no início do século XX, com base nos escritos de um meteorologista alemão chamado Alfred Wegener. Como muitos jovens, que em dias de chuva são atraídos por um globo representando a Terra, Wegener notou que, se pudéssemos ignorar o Oceano Atlântico, o nariz do Brasil se encaixaria bem na baía da África Ocidental, ao passo que o leste da América do Norte se aninharia confortavelmente no Saara. Será que os continentes não estavam fixados no lugar, mas vagavam pela superfície da Terra, ocasionalmente colidindo e levantando cadeias de montanhas? Poderiam as bacias oceânicas refletir diásporas de massas de terra, outrora contíguas?

Wegener resumiu suas ideias em um livro de 1915, *A Origem dos Continentes e Oceanos*. Dizer que a resposta à sua hipótese foi "variada" subestima o vigor do debate que se seguiu. Proeminentes geocientistas, norte-americanos e europeus, conhecidos como "fixistas", rejeitaram as ideias de Wegener porque não conseguiam imaginar um mecanismo capaz de fazer com que continentes pudessem transpor bacias oceânicas. Já os geólogos do Hemisfério Sul mostraram-se mais entusiasmados. Eles não apenas reconheceram o encaixe geométrico dos continentes discutido por Wegener, como também sabiam que as características geológicas em ambos os lados do Oceano Atlântico preconizavam uma contiguidade anterior. Os fósseis ajudaram. Por exemplo, folhas de cerca de 252 a 290 milhões de anos chamadas *Glossopteris* eram conhecidas por serem encontradas no sul da África, América do Sul, Índia e Austrália — e, mais tarde, também na Antártida. A explicação tradicional de que essas plantas migraram de um continente para outro por meio de pontes terrestres agora desaparecidas parecia aos geólogos do Hemisfério Sul mais disparatada do que a ideia de continentes à deriva pudesse ser. Claro, os fixistas tinham cátedras de prestígio em universidades europeias e norte-americanas, eclipsando aquelas pobres almas do sul que simplesmente olhavam para as rochas.

Para resolver a charada dos continentes à deriva, os cientistas tiveram que voltar o olhar para os oceanos. Durante a maior parte da história humana, o fundo do mar era uma terra misteriosa. Os marinheiros navegavam a superfície dos mares, mas nenhum deles sabia o que havia lá embaixo. Isso começou a mudar durante a Segunda Guerra Mundial, quando o sonar projetado para detectar submarinos inimigos revelou redes de montanhas e trincheiras no leito marinho. Na década de 1950, os cientistas norte-americanos Bruce Heezen e Marie Tharp descobriram a dorsal mesoatlântica, uma extraordinária cadeia de montanhas que divide em dois o assoalho do Oceano Atlântico, que se estende do norte da Islândia (ela mesma parte da cordilheira) até a ponta da Península Antártica. Características semelhantes marcam os oceanos Pacífico, Índico e Antártico, visíveis no revolucionário e memorável mapa da Terra de Heezen e Tharp, com os oceanos drenados (Figura 5). O conhecimento que surgia da Terra sob o mar tornou claro que era hora de pensar no nosso planeta de novas maneiras.

FIGURA 5. O revolucionário mapa da Terra elaborado por Bruce Heezen e Marie Tharp em 1977. Longas cadeias de montanhas, como falhas cicatrizadas, se erguem do fundo do mar. *World Ocean Floor Panorama, Bruce C. Heezen e Marie Tharp, 1977. Copyright by Marie Tharp 1977/2003. Reproduzido sob permissão de Marie Tharp Maps LLC e Lamont-Doherty Earth Observatory.*

Harry Hess, geólogo da Universidade de Princeton, cujas observações durante a guerra formaram as bases para essa nova compreensão das bacias oceânicas, levantou a hipótese, em 1962, de que as dorsais oceânicas desempenham um importante e específico papel no sistema terrestre: é nelas que a crosta oceânica se origina, separando os continentes de forma lenta e constante. No decorrer de um ano, a proposta de "espalhamento do fundo do mar" de Hess foi confirmada pelos geólogos britânicos Frederick Vine e Drummond Matthews. A chave era o magnetismo. Minerais suscetíveis ao magnetismo — como o mineral de óxido de ferro tão bem denominado de magnetita— se alinham ao longo do campo magnético da Terra ao se cristalizarem, registrando a orientação do campo no tempo e local de sua formação. Por razões ainda em discussão, o campo magnético da Terra muda de orientação em 180° a cada poucas centenas de milhares de anos. Vine e Matthews observaram que as assinaturas magnéticas da crosta oceânica no Oceano Atlântico formavam um padrão de listras paralelas, configuradas por reversões do campo magnético no transcurso de milhões de anos. As listras eram simétricas em torno da dorsal meso-oceânica, e quando se datou as rochas da crosta usando isótopos radioativos, ficou claro que as rochas mais jovens estavam mais próximas da dorsal. De forma equivalente, o fundo oceânico se torna mais velho, faixa por faixa, conforme nos afastamos da cadeia meso-oceânica em direção à Europa ou à América do Norte. Hess estava certo: uma nova crosta oceânica se forma nas dorsais, aumentando a distância entre Boston e meu bar favorito em Londres em cerca de 2,5 cm a cada ano. Em uma escala de tempo humana, parece algo insignificantemente lento — certamente não complica minha viagem —, mas nos últimos 100 milhões de anos, o Oceano

Atlântico se ampliou em quase 2,5 mil quilômetros. Com efeito, a expansão do fundo do mar resolveu o problema da deriva dos continentes, e um novo paradigma, chamado de placas tectônicas, começou a tomar forma.

A menos que a Terra esteja ficando maior (e não está), a formação de uma nova crosta nas dorsais oceânicas requer que a crosta mais antiga seja destruída em algum outro lugar. Os cemitérios de crosta são zonas de subducção, longas feições geológicas lineares onde uma placa tectônica afunda sob a outra, devolvendo as rochas da crosta ao manto de onde se originaram. O Oceano Atlântico está se alargando, lentamente, mas de modo rígido, porém a bacia do Pacífico é cercada por zonas de subducção, marcadas por conjuntos lineares de vulcões e terremotos, das Ilhas Aleutas à Indonésia. Na realidade, é o afundamento dos fragmentos crustais que puxa as metades da crosta oceânica para longe uma da outra; nova crosta, então, se forma passivamente nas dorsais. Na mesma proporção em que as placas subductadas* afundam no manto quente, elas começam a derreter, gerando vulcões conforme o material fundido sobe até a superfície. A fricção entre as placas pode bloqueá-las durante algum tempo, mas a força contínua da placa que afunda faz com que a pressão aumente, inevitavelmente superando o atrito. O movimento recomeça rápido e com violência — um terremoto. Os moradores de Los Angeles e Tóquio sentem um alívio com terremotos pequenos e

---

* Placas tectônicas em uma zona de subducção são divididas em: placa subductante, ou a placa que flutua acima do manto e não é carregada para baixo, e placa subductada, ou aquela que mergulha por baixo da placa subductante em direção ao manto. [N. da RT.]

frequentes, pois estes dispersam o atrito entre as placas. É quando as coisas ficam quietas que é hora de se preocupar.

A superfície da Terra, portanto, é um mosaico interativo de placas rígidas, uma "litosfera" composta pela crosta e pelo manto sólido e resistente logo abaixo dela (Figura 6). Aproximadamente metade das placas incluem continentes que se separam ou colidem à medida que as placas em que eles navegam crescem ou subduzem; o resto contém apenas crosta oceânica. Cadeias de montanhas podem se formar na região onde uma crosta oceânica mergulha sob a margem de um continente — os Andes são um exemplo. Ou montanhas podem se desenvolver onde dois continentes colidem — o majestoso Himalaia surgiu quando a Índia peninsular se enfiou sob a "barriga" da Ásia. As Montanhas Apalaches, de escala mais modesta, estão longe das zonas de subducção hoje, mas são testemunhas da colisão entre continentes antigos há 300 milhões de anos. Da mesma forma, a faixa que os Urais atravessam na Rússia, separando Europa e Ásia, reflete a colisão continental de eras atrás.

As placas também podem deslizar umas sobre as outras, não havendo nesse processo subducção ou geração de uma nova crosta. Talvez o exemplo mais famoso seja a falha de San Andreas, que corta a Califórnia, do norte de São Francisco até o México. O atrito entre a placa norte-americana a leste e a placa do Pacífico a oeste causa os terremotos contínuos que desestabilizam essa região. Os cientistas não podem parar os tremores, mas, apoiados por um enorme poder de computação, estão aprendendo a prevê-los.

TERRA FÍSICA

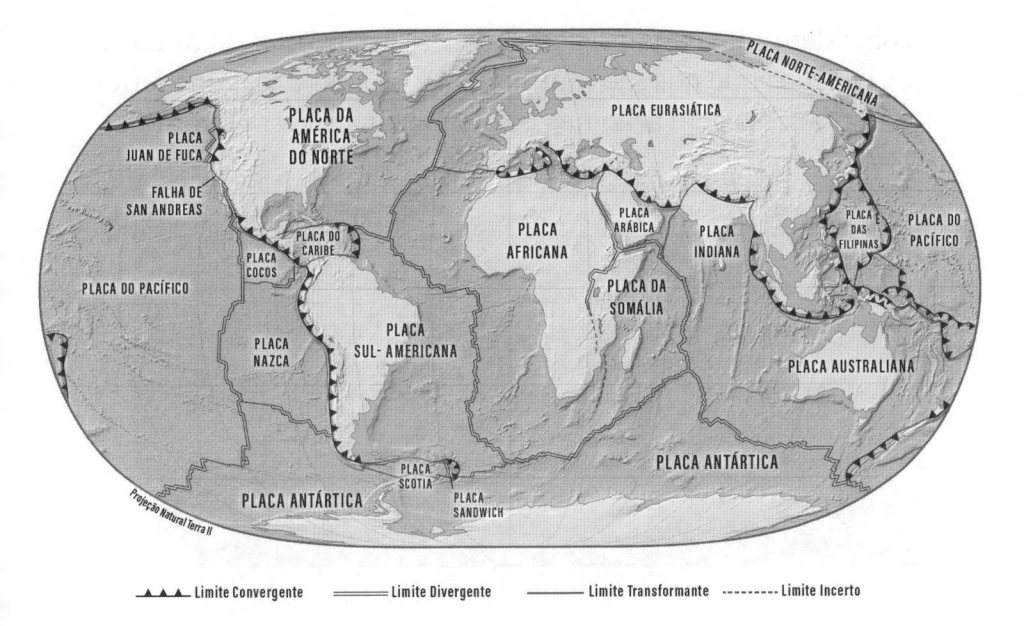

FIGURA 6. A superfície da Terra consiste em placas interligadas. Quando duas placas se afastam, uma nova crosta oceânica se forma ao longo dos sistemas de dorsais oceânicas (mostradas como linhas duplas). Isso faz com que os continentes se afastem uns dos outros. Placas deslizam umas ao lado das outras ao longo de falhas transformantes (linhas simples), mas em margens convergentes (linhas dentadas), elas colidem, com uma placa mergulhando sob a outra. Vulcões, terremotos e cinturões de montanhas com crescimento ativo se concentram ao longo dos limites de placas convergentes. *Ilustração do mapa por Nick Springer/Springer Cartographics, LLC*

A partir do trabalho do geofísico britânico Dan McKenzie e outros, sabemos agora que os movimentos das placas na superfície da Terra refletem o dinamismo interno do planeta. No Capítulo 1, verificamos que o manto sujeita-se à convecção, com os materiais quentes subindo da base e os mais frios afundando em direção ao núcleo. As dorsais se formam onde o manto quente (e, portanto, relativamente flutuante) sobe em direção à superfície, enquanto as zonas de subducção coincidem com o manto descendente. Assim, as montanhas e os oceanos que nos são familiares em mapas e viagens refletem processos em ação nas profundezas da Terra (Figura 7).

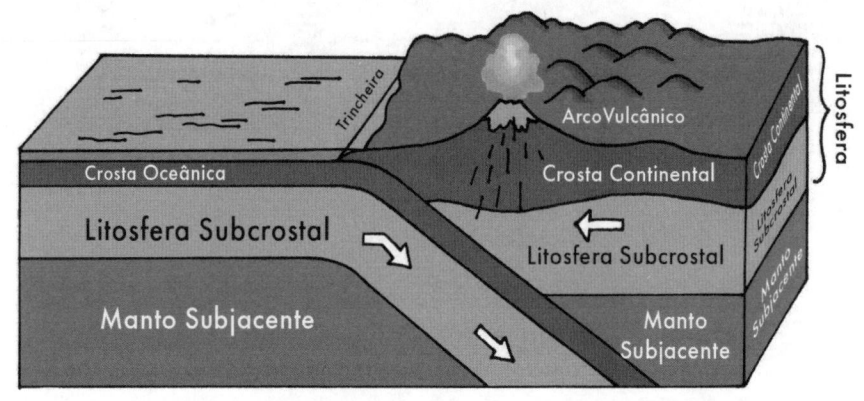

Ilustrações por Alexis Seabrook

FIGURA 7. Montanhas se formam onde continentes colidem (por exemplo, os Apalaches) ou onde a crosta oceânica é subductada por um continente, como mostrado aqui (os Andes), todos impulsionados pela convecção no manto. Trincheiras, depressões lineares no fundo do oceano, são a expressão superficial dos limites de placas convergentes. *Fonte: U.S. Geological Survey*

As placas tectônicas não podem explicar tudo — ainda é incerta, por exemplo, a razão pela qual um dos terremotos mais poderosos já registrados ocorreu no Missouri em 1811.* Dito isso, as placas tectônicas fornecem uma explicação de

---

* Esse evento é conhecido como "Os terremotos de New Madrid" e consistiu de uma série de intensos terremotos intraplacas (longe das bordas das placas tectônicas) que começou com um grande terremoto de magnitude estimada em 8,2, ocorrido em 16 de dezembro de 1811, seguido por um aftershock (onda de rebote de um terremoto) de 7,4 no mesmo dia, e mais outros dois terremotos de intensidades similares em janeiro e fevereiro de 1812. Cientistas discutem se os tremores foram causados por atividades esporádicas em riftes antigos ou por falhas que se ativaram recentemente. [N. da RT.]

primeira ordem convincente para a Terra dinâmica, onde bacias oceânicas se formam e desaparecem, montanhas se erguem e são erodidas e terremotos volta e meia acabam com a paz. E tem sido sempre assim — ou será que não?

RECONSTRUIR A HISTÓRIA TECTÔNICA DA
Terra constitui um desafio geológico digno de Sherlock Holmes. Nós podemos observar e quantificar a abertura dos oceanos, a subducção e outros processos que atuam hoje, mas como podemos saber como a Terra era há 10 milhões de anos, ou há 2 bilhões? Nos últimos 180 milhões de anos, mais ou menos, temos a crosta oceânica com suas listras magnéticas para nos guiar, permitindo que os geólogos, em essência, rebobinem a fita das placas tectônicas. Por exemplo, para saber qual era a posição dos continentes há 10 milhões de anos, podemos identificar todas as crostas oceânicas com essa idade ou menos, removê-las (virtualmente) e fechar a lacuna resultante. Visto do espaço, aquele mundo não era muito diferente do nosso, embora o Oceano Atlântico fosse mais estreito e cadeias montanhosas como os Alpes e o Cáucaso, menos salientes.

Há 50 milhões de anos, o Atlântico era menor do que é hoje, e observando este mundo lá do alto, começaríamos a notar algumas características não familiares. A Índia peninsular estava separada da Ásia, ficava ao sul dela e estava cercada pelo mar. A Austrália apenas começava a se desprender da Antártida. E, na ausência de camadas de gelo nos polos, um nível do mar mais alto encobria áreas mais baixas da Eurásia e da costa leste dos Estados Unidos.

Retroagindo 100 milhões de anos em relação à nossa época, o panorama parecia ainda mais diferente. As Montanhas Rochosas começavam a se erguer, mas não havia os Alpes ou o Himalaia. Mares rasos cobriam grande parte das regiões situadas no meio da América do Norte e do sul da Eurásia. As águas do Oceano Atlântico não passavam de uma faixa fina, a Austrália encaixava-se firmemente na Antártida, e a Índia peninsular cada vez mais se aninhava em um recanto geográfico entre a África e a Antártida.

Um padrão amplo se torna, então, evidente: quando rebobinamos a fita, os continentes, hoje bastante dispersos, começam a se juntar em uma única grande massa de terra. Na verdade, há uns 180 milhões de anos, vemos um planeta que, ao menos em termos geográficos, é completamente distinto do nosso (Figura 8). Todos os continentes do Hemisfério Sul se unem em um único bloco, chamado Gondwana (é o que todos aqueles fósseis de folhas de *Glossopteris* estavam tentando nos dizer), que por sua vez está ligado em uma extremidade à América do Norte e à Eurásia para formar um único supercontinente, Pangeia, profundamente entalhado por um oceano agora extinto chamado Tétis. Claro, o que de fato se deu é que, cerca de 175 milhões de anos atrás, o supercontinente Pangeia começou a se partir, fraturado pelas tensões geradas pelo manto convectivo abaixo dele. A nova crosta oceânica impulsionou a dispersão continental, abrindo novos oceanos, talvez especialmente o Atlântico. À proporção que a crosta subjacente ao fundo do mar do Pacífico deslizava sob os continentes que se moviam para o oeste da América do Norte e do Sul, surgiam as Montanhas Rochosas e os Andes. Segmentos desconectados do Gondwana moveram-se para o norte quando o Oceano Antártico se abriu, fechando o oceano Tétis e, por fim, colidindo com a Eurásia para formar a espinha dorsal montanhosa que vai dos Pirineus ao leste do Himalaia. Essa é uma narrativa em andamento hoje, à medida que a penosa jornada da Austrália rumo ao norte, em direção à Ásia, empurra para cima as impressionantes montanhas da Nova Guiné, seus picos atingindo cerca de 4.500 metros acima do nível do mar.

FIGURA 8. Uma reconstrução da superfície da Terra como ela era cerca de 180 milhões de anos atrás. Os continentes, que haviam se agregado anteriormente, permanecem em grande parte aglomerados. O Oceano Atlântico está apenas começando a se abrir. Em contrapartida, Tétis (o grande mar ao sul da Ásia e ao norte dos continentes que formam o Gondwana) logo fechará quando África, Índia e Austrália se separarem, movendo-se para o norte. Por fim, colidirão com a Europa e a Ásia, formando a longa cadeia de montanhas que vai dos Alpes ao Himalaia e à Nova Guiné. *2016 Colorado Plateau Geosystems, Inc.*

Essa é, basicamente, a história que pode ser contada a partir do registro do fundo do mar, porque a subducção destruiu a maior parte da crosta oceânica com mais de 180 milhões de anos. A geologia, porém, nos diz que as placas tectônicas se estendem muito mais para trás na história da Terra. Os continentes são mais resistentes à subducção do que o fundo do mar e, portanto, preservam um registro histórico muito anterior. As dimensões e características das acumulações de rochas sedimentares, a química e a distribuição espacial de granitos e de outras rochas ígneas, e a disposição de falhas e dobras em antigos cinturões orogênicos deixam claro que as placas tectônicas moldaram a superfície do nosso planeta ao menos nos últimos 2,5 bilhões de anos. Como a superfície da Terra é uma esfera, os supercontinentes que se separam terminarão por se reagrupar à medida que os continentes dispersos colidem e se reconectam. Chamado de Ciclo de Wilson, em homenagem ao geólogo canadense J. Tuzo Wilson, o primeiro a notar essa história, os padrões de ruptura, dispersão e remontagem dos supercontinentes ocorreram repetidamente ao longo do tempo. Temos evidências de que cinco supercontinentes se juntaram nos últimos 2,5 bilhões de anos, cada um fadado a se separar, como ocorreu com a Pangeia. As Montanhas Apalaches, os Scandinavian Caledonides e os Urais atestam colisões anteriores entre continentes antigos, e os cinturões de dobras pan-africanos na África e na América do Sul registram uma agregação de supercontinentes ainda mais antiga.

TERRA FÍSICA

CONSERVO NA MINHA MESA do escritório um de meus mais valiosos bens: um velho folioscópio feito em 1979 por Chris Scotese (na época, um estudante de pós-graduação, hoje uma autoridade mundial na geografia em constante mudança da Terra). Cada página mostra as posições dos continentes em um determinado momento, e quando você folheia o livreto rapidamente, as massas de terra parecem se mover, como em um desenho animado. A cada poucos segundos, surgem palavras onomatopaicas indicando colisões e separações continentais. Em 1788, James Hutton escreveu que o registro geológico não mostra "nenhum vestígio de um começo, nenhuma perspectiva de um fim", e é essa a sensação que o folioscópio de Chris me causa. No entanto, sabemos, do Capítulo 1, que a Terra registra vestígios de seu início. Será que podemos seguir uma trilha de movimentos das placas tectônicas de trás para a frente até essa história ancestral?

A resposta é "talvez". O principal desafio de reconstruir a história tectônica primitiva da Terra é o mesmo encontrado no Capítulo 1. Temos poucas rochas com mais de 3 bilhões de anos, e nenhuma para documentar os primeiros 10% do desenvolvimento do planeta. As sedutoras mas limitadas informações sobre a química e geometria das rochas preservadas mais antigas da Terra deram ensejo a uma série de conjecturas. Termos como "cobertura estagnada" e "tectônica de afundamento" são cogitados, cada um propondo alternativas às placas tectônicas tal como as conhecemos. Mas há unanimidade em uma questão: no início de sua história, o interior da Terra era mais quente do que agora e, devido a isso, a litosfera inicial deve ter sido mais espessa, mas mais frágil que a de hoje.

Alguns geólogos levantam a hipótese de que, com o resfriamento do oceano de magma da Terra, a crosta primordial rachou. O magma, vindo do manto abaixo, subiu pelas fissuras abertas e, ao empurrar a crosta de ambos os lados, colocou em ação os movimentos laterais característicos das placas tectônicas. À medida que a crosta se expandia, seguiu-se necessariamente a subducção, e a fusão das placas descendentes deu origem à primeira crosta granitoide [similar a granitos] da Terra. De acordo com essa visão, alguma coisa parecida com a tectônica de placas começou na infância da Terra. Em contraposição, outra versão propõe que os primeiros granitos se formaram quando plumas de magma fundido erupcionaram e se tornaram grandes pilhas de basalto, cuja espessura causou o ponto de fusão em sua base, gerando rochas graníticas. E é aí que está o problema. Convencionalmente, granitos retratam a subducção e a fusão parcial dos basaltos de fundo oceânico, mas nessa versão da história, os primeiros granitos se formaram na ausência de movimentos de placas. Debates semelhantes envolvem outros detalhes químicos de rochas antigas, bem como as características estruturais dos terrenos mais antigos do planeta. Enquanto muitas observações são consistentes com um início precoce da tectônica de placas, há outras que ressaltam a singularidade da Terra primitiva.

Pistas importantes vêm dos antigos zircões descritos no Capítulo 1. Os elementos-traço [elementos químicos que ocorrem em quantidades menores que 0,1% em uma determinada rocha ou mineral] aprisionados nesses cristais sugerem que os materiais transitavam da superfície da Terra para seu interior há mais de 4 bilhões de anos, mas de uma maneira muito mais lenta do que se daria mais tarde. Essa observação levou à interpretação de que, na Terra primitiva, magmas contendo zircão se formavam no fundo de espessas pilhas vulcânicas — uma "cobertura estagnada", sem migração lateral ou subducção. No entanto, entre 3,8 e 3,6 bilhões de anos atrás, a subducção havia se iniciado, requerendo alguma forma de movimentos similares àqueles das placas tectônicas.

Outra nova peça do quebra-cabeça foi relatada na primavera de 2020. Anteriormente, introduzimos o magnetismo das rochas como a chave para entender a expansão dos fundos oceânicos e, portanto, o mecanismo das placas tectônicas. A lógica da orientação magnética também torna viável traçar os movimentos dos continentes ao longo da história geológica. Se, por exemplo, um continente se desloca ao longo do tempo de perto do equador até 30° de latitude norte, esse caminho pode ser reconstituído a partir da orientação magnética de minerais em depósitos vulcânicos que entraram em erupção durante o deslocamento. A grande questão, então, é: as orientações magnéticas das rochas formadas na Terra primitiva documentam o movimento lateral das massas terrestres? Pois é isso o que acontece. Mediante uma série de análises meticulosas, Alec Brenner, Roger Fu e colegas demonstraram que, há mais de 3 bilhões de anos, um antigo terreno no que hoje é o noroeste da Austrália percorreu latitudes [distância entre um ponto e a linha do equador] mais ou menos na mesma taxa em que Boston está se afastando da Europa.

Isso dá força à tese de uma iniciação precoce das placas tectônicas, o que não requer que a Terra primitiva funcione como a moderna.. É possível que as placas tectônicas tenham começado em âmbito regional e coexistido por algum tempo com coberturas estagnadas, com uma tectônica de placas episódica, em vez de contínua, durante a infância da Terra. Nessa versão, o manto convectivo fazia com que as placas incipientes se movessem lateralmente e fossem subduzidas em seus limites. Hoje, o empuxo da placa subductada conforme esta desce em direção ao manto impulsiona o movimento da placa, mas, na Terra primitiva, as placas eram tão frágeis que teriam se rompido logo que a subducção começasse, desconectando o fragmento crustal que afundava e interrompendo o processo. Os primeiros granitos podem ter se formado dessa maneira, mas não em abundância. Com o passar do tempo, como o manto continuava a esfriar, a litosfera se fortalecia, anunciando o regime moderno da tectônica de placas.

A HISTÓRIA TECTÔNICA MAIS ANTIGA da Terra pode permanecer incerta, mas muitos geólogos argumentam que, cerca de 3 bilhões de anos atrás, as placas tectônicas, em alguma manifestação razoavelmente moderna, começaram a moldar nosso planeta. As consequências foram profundas.

O geólogo australiano Simon Turner e seus colegas afirmam com toda a clareza: "De muitas maneiras, o início da subducção colocou em ação os processos que resultaram na Terra tal como a conhecemos hoje e no ambiente do qual dependemos."

A tectônica de placas não é uma consequência inevitável da formação dos planetas. Marte, por exemplo, não mostra evidências de movimentos de placas antigas ou modernas, e Vênus tampouco. Na Terra, todavia, as placas tectônicas foram estabelecidas cedo, determinando um funcionamento de processos físicos que esculpem a superfície da Terra e, como veremos, mantêm seu ambiente. Em decorrência, a Terra tornou-se mais do que um planeta com oceanos e atmosfera, montanhas e vulcões. Tornou-se um planeta capaz de sustentar vida.

© 1xpert/adobe.stock.com

› 3

Terra **Biológica**

A VIDA SE ESPALHA PELO PLANETA

Todd Marshall

NO INÍCIO DE 2004, O ROBÔ ITINERANTE *OPPORTUNITY* pousou na cratera Eagle, uma pequena depressão na superfície de Marte. Lembro-me perfeitamente daquela noite, uma vez que o observava com toda a atenção, na sala de monitoramento da missão no Jet Propulsion Laboratory, privilegiado que fui por ser membro da equipe científica daquele veículo explorador geológico. Sorrisos, abraços e apertos de mão tomaram conta do local quando a NASA anunciou que o Opportunity pousara com segurança. Minutos depois, a alegria se transformou em euforia quando as primeiras fotos enviadas por ele preencheram nossas telas: Oppy havia pousado a poucos metros de um afloramento de rochas sedimentares estratificadas [rochas depositadas em camadas sucessivas]. Assim como os geólogos fizeram com a Terra por mais de um século, agora poderíamos usar as características físicas e químicas dessas camadas para reconstruir a história planetária de Marte.

Nas semanas seguintes, as descobertas foram rápidas e frenéticas. A idade das rochas era, e permanece, incerta. Não é fácil construir uma linha do tempo para a história marciana quando não se dispõe de rochas vulcânicas bem datadas; entretanto, estimativas razoáveis dão a entender que os leitos expostos na cratera Eagle se formaram entre 3 e 3,5 bilhões de anos atrás, aproximadamente a idade das rochas sedimentares pouco metamorfisadas mais antigas da Terra. Aquelas rochas marcianas em específico eram arenitos, alguns contendo marcas onduladas, superfícies ondeadas que você provavelmente notou na região em que as ondas banham a praia. Ondulações como aquelas expostas na cratera Eagle se formam apenas no transporte de sedimentos por água em movimento. Ao mesmo tempo, análises químicas revelaram que os grãos e cimentos [materiais que unem os grãos sedimentares a uma rocha] que compõem o arenito Eagle consistem, em grande parte, de sais — minerais formados, neste caso, pela reação da água com rochas vulcânicas. O planeta vermelho, hoje incrivelmente frio e seco, já foi relativamente quente e úmido.

Cinco semanas após o pouso, a NASA realizou uma coletiva de imprensa para divulgar essa descoberta. No comunicado na sede da NASA, apenas uma regra: os cientistas que representavam a equipe deveriam falar sobre água, mas não a respeito de vida. Não obstante, após uma hora de discussão detalhada sobre as assinaturas aquáticas deixadas nas rochas da cratera Eagle, praticamente todos os serviços de notícias da Terra correram para postar artigos de tirar o fôlego a propósito da vida em Marte. A manchete online da CNN, por exemplo, alardeava: "O Planeta Vermelho pode ter sido hospitaleiro para a vida." Já a *Wired,* mais cética do que a maioria, apenas publicou em seu site: "Marte já foi capaz de sustentar vida, mas foi mesmo?"

A coletiva de imprensa sobre Marte ilustra adequadamente o que a maioria de nós — de adolescentes a agraciados com o prêmio Nobel — acha mais interessante nos planetas.

TERRA BIOLÓGICA

Não são as rochas, nem o sal, o vento ou mesmo a água em si. Somos fascinados pela exploração planetária porque nesses astros (e potencialmente em suas luas) podemos encontrar vida. Em nosso sistema solar — e de acordo com o atual nível de compreensão que temos, dentro do Universo —, a Terra se destaca como o planeta biológico. Ainda não sabemos se a vida já se estabeleceu em outro lugar. Há ao menos uma pequena chance de que micróbios existam hoje em algum posto aquoso avançado do nosso sistema solar, como Europa ou Encélado, as luas geladas de Júpiter e Saturno, respectivamente. Está claro, porém, que dentro de nossa vizinhança planetária a vida elegeu como seu lar apenas a Terra. Por que aqui? Por que, parafraseando Humphey Bogart em *Casablanca* [filme estadunidense de 1942], "de todos os bares de gim em todas as cidades do mundo", a vida surgiu e prosperou em nosso modesto canto da Via Láctea? E de que modo a vida remodelou o planeta?

ANTES DE MAIS NADA, convém perguntar o que estamos tentando compreender. O que é a vida, afinal? Uma famosa piada do Cinturão de Borscht [antiga colônia de férias judaica no estado de Nova York que costumava promover apresentações de comediantes] diz que a vida começa quando o cachorro morre e as crianças vão para a faculdade, mas se levarmos a questão a sério, o que realmente nos diferencia — e cães, carvalhos e bactérias — das montanhas, dos vulcões e dos minerais? Quando olhamos para nossa própria vida, ou a de nossos filhos, podemos dizer que organismos crescem. É verdade, mas os cristais de quartzo também. Mas os organismos não apenas crescem, eles se reproduzem, fazendo mais de si mesmos ao longo do tempo. Os organismos colhem de seu ambiente a energia e os materiais de que necessitam para crescer e se reproduzir: uma série de processos que os biólogos chamam de metabolismo. E, algo fundamental, a vida evolui. Um cristal de quartzo, uma vez formado, não evoluirá para um diamante, ao passo que, ao longo de bilhões de anos, os primeiros organismos simples da Terra deram origem a uma espantosa diversidade de espécies, entre as quais se inclui uma que tem a audácia de perguntar como chegamos aqui.

A vida, portanto, tem por características crescimento e reprodução, metabolismo e evolução. Se isso descreve razoavelmente a vida tal como a conhecemos, como seriam os primeiros organismos? Certamente, não tinham dentes ou ossos, folhas ou raízes. Os organismos mais simples vivos hoje são as bactérias e seus primos minúsculos, as arqueas, pequeninos organismos que encerram em si, dentro de uma única célula, tudo o que é necessário para o crescimento e reprodução, metabolismo e evolução. O último ancestral comum de todos os organismos vivos nos dias atuais deve ter sido próximo das células das bactérias, porém, mesmo as bactérias mais simples são engenhos moleculares complicados, um produto da evolução, não seu ponto de partida.

Por muitos anos, o Museu Nacional de História Natural do Instituto Smithsonian apresentou um vídeo sutilmente humorístico, mas sagaz, em sua galeria da Terra primitiva. A estrela da atração era Julia Child, conhecida por uma geração de norte-americanos como a "Chef Francesa" da televisão. Com a mesma voz encantadora com que guiava os espectadores pelos meandros do *Boeuf Bourguignon*, [um prato da culinária francesa], Julia apresentava uma receita da "sopa primordial", a mistura de substâncias químicas simples de onde se acredita que a vida tenha brotado. A ideia da existência de uma "receita" para a vida é, sem dúvida, simplista, mas ganha estatura quando dividimos a complexidade dos organismos em suas partes construtivas, as moléculas da vida.

Organismos são máquinas químicas que evoluem ao longo do tempo — química com história, se prefere chamar assim. É por isso que a exploração em laboratório das origens da vida se concentra em como os constituintes químicos das células poderiam ter se formado em uma Terra sem vida. As proteínas, os burros de carga estruturais e funcionais das células, podem ser grandes e complexas, mas se formam da união de compostos relativamente simples chamados aminoácidos — há, geralmente, vinte tipos diferentes na proteína — atados uns aos outros em estruturas funcionais, tal como combinamos letras para formar palavras e frases com significado. Então, se podemos sintetizar aminoácidos, temos os blocos de construção das proteínas. Em 1953, Stanley Miller e Harold Urey demonstraram como isso poderia ter ocorrido na Terra primitiva. Eles encheram um recipiente de vidro com dióxido de carbono (CO_2), vapor de água (H_2O), metano ou gás natural (CH_4) e amônia (NH_3), uma mistura de moléculas simples que pensavam estar presentes na atmosfera primordial da Terra. Quando Miller produziu uma faísca pelo recipiente, simulando os efeitos dos raios na Terra primitiva, a parede interna começou a ficar marrom; era uma gosma composta de moléculas orgânicas, incluindo aminoácidos. Em um único experimento marcante, Miller e Urey mostraram que os principais blocos de construção da vida podem se formar por processos naturais.

O DNA pode ser abordado da mesma maneira. O DNA, manual de instruções e memória evolutiva da célula, é diabolicamente complexo, mas tem apenas quatro componentes distintos, chamados nucleotídeos. A complexidade — e a informação — contida no DNA é produto do arranjo linear desses nucleotídeos ao longo da molécula. Tal como os aminoácidos nas proteínas, os nucleotídeos no DNA formam o alfabeto no qual as informações do DNA são codificadas. Os nucleotídeos, por sua vez, podem ser decompostos em elementos ainda mais simples: um açúcar, um íon fosfato (PO_4^{3-}), e uma molécula orgânica simples chamada base. As bases podem ser sintetizadas a partir de cianeto de hidrogênio (HCN) e outros compostos simples que provavelmente estiveram presentes na juventude da Terra. Além disso, há mais de um século sabemos que açúcares podem ser gerados a partir de precursores simples, como o formaldeído (CH_2), que também se acredita que estava presente na Terra antiga. E íons de fosfato teriam sido fornecidos pelo intemperismo químico [processo de desagregação de uma rocha ou solo, a partir da remoção, incorporação ou substituição de elementos químicos nos minerais] de rochas vulcânicas. A combinação desses componentes para formar nucleotídeos desafiou os cientistas por décadas, contudo, em 2009, o químico britânico John Sutherland e seus colegas geraram dois tipos de nucleotídeos sob condições plausíveis de terem ocorrido na Terra primitiva.

Finalmente, há os lipídios, constituintes moleculares das membranas que unem todas as células. Assim como as proteínas e o DNA, os lipídios compõem-se de unidades mais simples, que neste caso são moléculas em formato de cadeias longas, chamadas ácidos graxos, provavelmente, de novo, geradas quimicamente na Terra primitiva. Algo notável é que, se você espirrar ou evaporar água contendo ácidos graxos dispersos, eles se juntam espontaneamente em microestruturas esféricas que têm muito em comum com as membranas que circundam as bactérias.

Assim, os principais blocos de construção da vida — as moléculas a partir das quais nossas células são construídas — podem se formar por processos naturais plausíveis de serem encontradas localmente, se não onipresentes, na infância de nosso planeta. Cumpre frisar que não se trata de uma conclusão meramente teórica ou mesmo experimental. Temos conhecimento de que reações do tipo que acabamos de descrever ocorreram há bilhões de anos. Seu registro está preservado nos meteoritos, aquelas notáveis relíquias do nosso sistema solar durante sua formação. Na constituição dos condritos carbonáceos, já apresentados como fonte de carbono e água para a Terra em acreção, há uma diversidade impressionante de moléculas orgânicas, incluindo aminoácidos (setenta tipos diferentes!), açúcares, ácidos graxos e muito mais. A química da qual a vida surgiu pode estar disseminada no universo.

Até aqui, tudo bem, mas de agora em diante as coisas se complicam. Sabemos que os aminoácidos podem se combinar para formar moléculas lineares curtas chamadas peptídeos, um pidgin* às proteínas de Shakespeare. E os nucleotídeos podem fazer a mesma coisa. Função e memória parecem ser iminentes em tais moléculas, entretanto, em organismos vivos, o DNA fornece as instruções moleculares para a síntese de proteínas, e estas são necessárias para replicar o DNA. Como escapamos do dilema do ovo e da galinha? Quem veio primeiro?

A resposta talvez seja que nem DNA nem proteínas estavam presentes nos primeiros proto-organismos em evolução. Quando comecei a estudar biologia, na década de 1970, o RNA, também construído a partir de nucleotídeos, era geralmente discutido como sendo a parteira da célula, uma série de moléculas que guiam a transcrição do DNA em proteínas, realizada dentro de uma minúscula estrutura intracelular chamada ribossomo. A partir daí, todavia, a diversidade conhecida de moléculas de RNA se ampliou incrivelmente, bem como seu conjunto documentado de funções. O RNA armazena informações, como seu primo DNA, mas alguns RNAs agem como enzimas, fazendo o trabalho molecular

---

* Pidgin é uma forma linguística simplificada de comunicação entre falantes de idiomas diferentes. O autor qualifica os peptídeos como um pidgin em relação às chamadas "proteínas de Shakespeare", um estudo sobre proteínas incrustadas em textos literários antigos cujo exame, e o de suas interações, possibilita aprender sobre o passado. [N. da RT.]

da célula de uma maneira que se pensava ser de domínio exclusivo das proteínas. Ademais, sabe-se hoje que pequenas moléculas de RNA participam da regulação da expressão gênica dentro das células. Além disso, quando os biólogos sondaram as profundezas moleculares do ribossomo, descobriram que o RNA está no âmago funcional da estrutura. Por fim, experimentos recentes revelaram que moléculas de RNA sintetizadas em laboratório podem evoluir, moldadas pela seleção, para realizar tarefas específicas. A descoberta de que as moléculas de RNA podem armazenar informações, funcionar como enzimas e evoluir dá força a um pensamento ousado: talvez as primeiras entidades que se reproduziram e evoluíram fossem feitas de RNA, não de DNA e proteínas.

A hipótese "Mundo do RNA" fascina muitos dos que estudam as origens da vida. Uma molécula inicial de RNA (ou semelhante a RNA), inserida dentro de uma esfera lipídica formada espontaneamente, poderia crescer, reproduzir-se e evoluir aos poucos, adquirindo maior complexidade e especificidade molecular. Com o decorrer do tempo, o DNA evoluiria a partir de precursores de RNA, fornecendo um depósito muito mais estável para as informações da célula, mas abandonando outras funcionalidades. E conforme os aminoácidos interagem com o RNA e o DNA, as proteínas, que normalmente agem muito mais rápido que as enzimas do RNA, evoluiriam para arcar com a maioria dos requisitos estruturais e funcionais da célula. Interessante notar que pesquisas recentes mostram que os blocos de construção tanto do DNA quanto do RNA podem ter se formado sob condições prebióticas plausíveis, levantando à possibilidade de que a interação entre DNA e RNA encontrada em todas as células vivas estivesse presente desde a infância da vida.

A hipótese "Mundo do RNA" e suas variantes têm algo a provar: incorporar o metabolismo à mistura. Talvez os primeiros seres vivos tenham sido simplesmente moléculas de RNA encapsuladas em lipídios que cresceram, se reproduziram e evoluíram sem que houvesse nenhuma engrenagem especial para interagir com seu ambiente. Isso certamente é possível, e alguns cientistas apoiam essa ideia. Contudo, se o metabolismo não é necessário para gerar a primeira vida, em muitos aspectos, é o que a torna interessante, permitindo aos organismos interagirem com os oceanos e a atmosfera e, em dado momento, transformar as composições de ambos. Com isso em mente, alguns cientistas optam por entrar no labirinto da origem da vida por um portão diferente, no qual a ênfase está no metabolismo, em vez de na informação. Nessa visão, os primórdios do metabolismo girariam em torno de fontes termais ricas em energia nas profundezas das cadeias meso-oceânicas.

As hipóteses de que o metabolismo vem em primeiro lugar têm o problema oposto ao do Mundo do RNA. Derivam delas pistas fascinantes de como a vida emergente passou a interagir com seu ambiente, mas as tentativas de fazer evoluir as informações de DNA, RNA e proteínas a partir daí trazem um sentimento do tipo "No sexto dia…". A questão sobre as origens da vida, então, continua sendo algo inconclusivo. O que sabemos é que, de alguma forma, na Terra primitiva, surgiram células autorreplicantes, metabolizadoras e capazes de evoluir, arando o terreno para a transformação planetária. (Compreendo o entusiasmo de alguns cientistas quanto à panspermia, a hipótese de que a vida na Terra primitiva teria sido semeada de outro lugar, fisicamente ou por alienígenas. Talvez micróbios tenham sido lançados no espaço por meteoros que caíram em Marte ou em algum outro planeta, eventualmente pousando na fértil Terra. Não está clara a existência de tal incubadora no início do sistema solar, e a semeadura vinda de um exoplaneta [um planeta que não pertence ao nosso sistema solar], por meios naturais ou não, teria probabilidade extremamente baixa de ocorrer em face do longo tempo de viagem e da improvável perspectiva de pousar em um ambiente onde os imigrantes microbianos pudessem prosperar. Evidentemente, ainda que optemos por levar em conta essas ideias, elas não resolvem o problema das origens, simplesmente o realocam no espaço e no tempo.)

AINDA NÃO PODEMOS entender completamente como a vida se originou, mas talvez esteja a nosso alcance estimar *quando* ela se fixou na Terra, permitindo-nos caracterizar a natureza da superfície do nosso planeta quando a vida começou em seguida. Agora o problema se torna geológico e se fundamenta na premissa de que a vida microbiana, muito mais antiga do que plantas e animais, pode deixar uma assinatura reconhecível nas rochas. Será que organismos tão minúsculos e aparentemente frágeis como as bactérias podem deixar vestígios que documentam a vida na Terra primitiva, tal como ossos de dinossauros e árvores petrificadas o fazem para épocas mais recentes?

Anos atrás, ainda um jovem paleontólogo, viajei para a ilha de Spitsbergen, no Ártico, em busca de evidências de vida microbiana ancestral. Penhascos esculpidos por geleiras expõem vários milhares de metros de rochas sedimentares depositadas por lá entre 720 e 850 milhões de anos atrás (Figura 9). Não há ossos ou conchas nessas rochas, nem rastros ou trilhas nos planos de acamamento [superfícies que separam sucessivas camadas sedimentares entre si]. De fato, na ocasião em que essas rochas se formaram, os animais que poderiam formar fósseis só surgiriam milhões de anos no futuro. Se você souber olhar, no entanto, a assinatura da vida está escrita claramente nas rochas de Spitsbergen.

Começamos com o *chert*, popularmente conhecido como sílex — rochas excepcionalmente duras constituídas de quartzo microcristalino [depositado por precipitação química ou pelo acúmulo de minúsculas carapaças silicosas de organismos marinhos]. Alguns leitores conhecerão as igrejas de sílex do sudeste da Inglaterra, revestidas com paralelepípedos pretos brilhantes, que, para seus construtores medievais, eram as rochas mais duras disponíveis. Para apreciar a origem dessas rochas peculiares, vá aos White Cliffs de Dover. Essas magníficas falésias de giz* contêm abundantes

---

* Neste caso, "giz" se refere a uma rocha sedimentar composta dominantemente por carbonato de cálcio, precipitado no fundo dos oceanos pelo acúmulo de placas e carapaças de plânctons microscópicos. (N. do R.)

nódulos de sílex preto, precipitados entre os sedimentos calcários que foram se acumulando no fundo do mar há cerca de 70 milhões de anos. Os nódulos são pretos porque contêm matéria orgânica, aprisionada durante seu crescimento. Essa é a beleza paleontológica do sílex: ele pode preservar para sempre materiais biológicos antigos, incluindo os fósseis de minúsculos organismos enterrados conforme as camadas se sobrepunham.

Em Spitsbergen, os vales entalhados pelo gelo glacial expõem grossas camadas de calcário, algumas das quais englobam nódulos de sílex pretos como os de White Cliffs (Figura 10). Examinadas ao microscópio, fatias dessas rochas, finas como papel, revelam um mundo microbiano petrificado, rico em belos, embora minúsculos, fósseis (Figuras 11 e 12). Muitos deles podem ser identificados como cianobactérias, bactérias fotossintéticas que, como veremos, desempenham um papel prodigioso na história da Terra. Há outros fósseis no sílex, tais como minúsculas algas e protozoários, e a lama depositada sob o mar raso preserva mais microfósseis, comprimidos, como certos buquês de Dia dos Namorados [costume popular na Inglaterra vitoriana, que perdura até hoje; flores ganhas como presente são prensadas, normalmente entre páginas de livros, até que sequem completamente], entre camadas de rocha (Figura 13). Os fósseis nessas e em rochas igualmente antigas encontradas ao redor do mundo demonstram que a evolução dos animais aconteceu em um planeta já repleto de vida, principalmente micro-organismos.

FIGURA 9. Um penhasco feito de rochas sedimentares de 750 a 800 a milhões de anos atrás, expostas nos planaltos glaciais de Spitsbergen. Essas rochas, e outras como elas encontradas por todo o mundo, preservam evidências de uma rica biota microbiana cuja existência se dá muito antes da evolução de plantas e animais.
Andrew H. Knoll

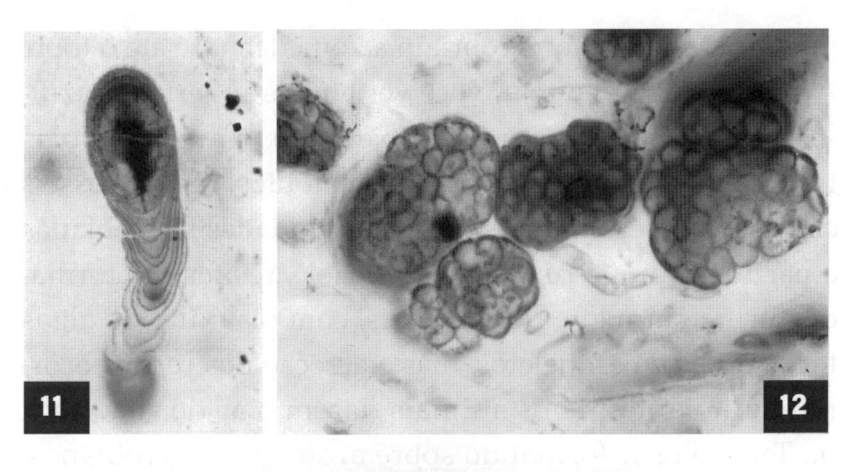

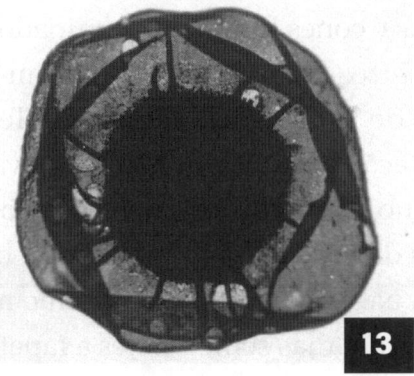

FIGURAS 10-13. Nódulos de sílex preto inseridos em calcários na sucessão Spitsbergen (Figura 10). Eles contêm abundantes e diversos microfósseis de cianobactérias (Figuras 11 e 12) e outros microrganismos. Lamitos na mesma sucessão preservam belos fósseis de microrganismos eucarióticos unicelulares (Figura 13).
Andrew H. Knoll

Se você tivesse caminhado à beira-mar na época em que os calcários de Spitsbergen se formaram, teria visto uma linha costeira aparentemente ininterrupta tingida de verde-azulado por densos tapetes de cianobactérias e outros micro-organismos que cobriam a zona de maré até o topo. Aventurando-se no mar, você veria mais superfícies azul-esverdeadas, mas agora se projetando para cima a partir do leito marinho. São os estromatólitos, recifes fósseis construídos verticalmente por comunidades microbianas a partir do antigo fundo do mar. Hoje, recifes são formados principalmente por animais, com o auxílio de algas formadoras de esqueletos, mas a acreção dos recifes ocorreu muito antes de os animais darem o ar de sua graça na Terra, nos informando sobre arquitetos microbianos. Domos, colunas e cones finamente laminados, em camadas de até vários metros de espessura, destacam-se nas paredes dos penhascos de Spitsbergen (Figura 14). Temos confiança nessa interpretação porque ainda hoje, em vários cantos do mundo moderno, nos quais os micróbios do fundo do mar são protegidos da ação de animais e algas, há formação de estromatólitos. Nesses ambientes, tal como na Terra antiga, populações microbianas semelhantes a tapetes aprisionam, ligam e consolidam sedimentos no lugar, construindo um edifício rochoso, camada por camada, ao longo do tempo.

A química revela ainda mais assinaturas microbianas. Os isótopos, apresentados no Capítulo 1, são peças-chave. Como já dissemos, o carbono, o principal elemento da vida, tem dois isótopos estáveis: carbono-12 e carbono-13. Os isótopos de carbono nos falam da biologia de tempos antigos porque, quando organismos fotossintéticos fixam dióxido de carbono em moléculas orgânicas, incorporam preferencialmente CO_2 contendo o isótopo mais leve, carbono-12, em detrimento de seu equivalente mais pesado, carbono-13. Não há uma intenção por trás da escolha dos organismos pelo carbono-12; trata-se simplesmente do fato de que o CO_2 mais leve reage mais prontamente com as enzimas na célula. Assim, quando há abundância de CO_2, os organismos fotossintéticos produzem matéria orgânica ligeiramente enriquecida em carbono-12 em relação ao carbono inorgânico no ambiente. A ínfima diferença, de apenas algumas partes por mil, pode ser medida com precisão usando-se instrumentos chamados espectrômetros de massa. Se medirmos, nas Bahamas de hoje, as composições isotópicas de carbono dos sedimentos calcários e da matéria orgânica presente neles, descobriremos que os calcários e os orgânicos diferem entre si em umas 25 partes por mil. Em Spitsbergen, os resultados são semelhantes, indicando que um ciclo biológico do carbono existia a cerca de 720-850 milhões de anos atrás. Isótopos de enxofre preservados em pirita [sulfeto de ferro mineral] e gipsita [sulfato de cálcio hidratado mineral] também registram um antigo ciclo de enxofre povoado por bactérias.

FIGURA 14. Estromatólitos, estruturas laminadas formadas quando populações microbianas capturaram e fixaram sedimentos de granulação fina. Comunidades microbianas colonizaram as superfícies firmes de cascalho e, então, se elevaram por acreção como sedimentos acumulados. Seu crescimento está registrado pelas finas camadas vistas na foto. As colunas à direita têm cerca de 5 cm de diâmetro. *Andrew H. Knoll*

Finalmente, rochas antigas às vezes comportam biomoléculas reais, produzidas por organismos e preservadas em rochas muito depois da morte de seus criadores. O ideal seria encontrar DNA e proteínas, porém, em rochas realmente antigas, esse é um desejo quase vão. A última década foi palco de uma revolução notável no estudo de DNA antigo, mas até hoje o DNA mais antigo extraído de maneira confiável de ossos ou conchas tem menos de 2 milhões de anos. Da mesma forma, proteínas — excelente alimento para bactérias e fungos — raramente são preservadas em qualquer rocha, com exceção das mais jovens. Os que são preservados são os lipídios, aqueles constituintes resistentes das membranas. Gosto de dizer aos alunos que, quando morrerem, os últimos resquícios deles para as gerações futuras refletirem serão o colesterol! Até o momento, as rochas de Spitsbergen não foram muito produtivas em termos de biomoléculas preservadas, mas outras rochas de idade similar preservam registros moleculares de diversos microrganismos. No total, então, a vida microbiana pode fornecer uma variedade de assinaturas às rochas sedimentares, e as rochas datadas entre e 720 e 850 milhões de anos em Spitsbergen, e em outros lugares, as preservam em abundância.

Até onde no passado podemos traçar o registro da vida? Trabalhei em rochas datadas entre 1,5 e 1,6 bilhão de anos na Austrália e na Sibéria e, tal como os depósitos de Spitsbergen, que têm metade dessa idade, elas contêm microfósseis, estromatólitos, moléculas biomarcadoras e evidências isotópicas de ciclagem microbiana de carbono e de enxofre. Dobrando a idade mais uma vez, chegamos às rochas sedimentares mais antigas cuja preservação é suficiente para viabilizar a procura de assinaturas biológicas: sucessões de 3,3 a 3,5 bilhões de anos preservadas em cantos remotos da África do Sul e na Austrália Ocidental. Esses esparsos sobreviventes da juventude da Terra consistem principalmente de fluxos e cinzas vulcânicos, mas finas intercalações de sedimentos nos admitem perguntar sobre a antiguidade da vida. Relatos de microfósseis em rochas ricas em sílex são objeto de controvérsia, uma vez que as microestruturas orgânicas simples nesses estratos podem ter sido formadas por fluidos hidrotermais que se infiltraram pela superfície porosa dos sedimentos muito tempo após a deposição. Da mesma forma, essas rochas foram aquecidas durante o soterramento e a deformação tectônica, destruindo quaisquer moléculas biomarcadoras que possam ter existido nelas. Os isótopos, no entanto, apontam para uma Terra primitiva já povoada por micróbios que processavam carbono e enxofre através da biosfera nascente. E os estromatólitos registram comunidades microbianas na parte rasa do fundo do mar (Figura 15).

FIGURA 15. Estromatólitos em rochas sedimentares de 3,45 bilhões de anos da Austrália Ocidental. Ao lado de evidências de isótopos de carbono e enxofre, essas estruturas documentam a presença de vida microbiana no início da história da Terra. A escala tem 15 cm (6 polegadas) de comprimento. *Andrew H. Knoll*

Três bilhões e meio de anos atrás, então, a Terra já era um planeta biológico. E a vida nela, segundo algumas observações, pode ser ainda mais antiga. Entre os fiordes do sudoeste da Groenlândia, as rochas costeiras incluem as mais raras: rochas ígneas e sedimentares com cerca de 3,8 bilhões de anos. As rochas passaram por um processo de metamorfismo e a matéria orgânica originalmente preservada nos sedimentos sofreu alterações provocadas pelo calor e pela pressão, formando grafita.. A composição isotópica de carbono desse material, todavia, se parece muito com a da matéria orgânica preservada em rochas mais jovens, sugerindo um ciclo biológico do carbono. E, como mencionado no Capítulo 2, uma pequena partícula de grafita dentro de um cristal de zircão de 4,1 bilhões de anos de Jack Hills, na Austrália, também tem baixo conteúdo de carbono-13. Não há como ter certeza de que esse carbono mais antigo não tenha se formado nas profundezas da Terra, onde foi incorporado aos crescentes cristais de zircão, mas a mensagem geral é clara. À proporção que retrocedemos no tempo, ficamos sem rochas para examinar antes de esgotarmos as evidências de vida. A Terra tem sido um planeta biológico durante a maior parte de sua longa história.

O QUE A GEOLOGIA NOS DIZ a respeito do nosso planeta quando a vida começou, talvez a uns 4 bilhões ou mais de anos atrás? Já vimos que a jovem Terra era um planeta aquoso, com vulcões e pequenas massas semelhantes a continentes em destaque sobre as ondas. A energia para reações químicas prebióticas estava generalizada: a superfície da Terra era agredida pela radiação ultravioleta, e o decaimento de isótopos radioativos fornecia radiação energética adicional; o calor de vulcões e sistemas hidrotermais era onipresente; e relâmpagos cortavam a atmosfera primitiva. Havia ambientes quentes em determinados locais — como hoje, em fontes hidrotermais (pense no Velho Fiel, um gêiser do Parque Nacional de Yellowstone) e cadeias meso-oceânicas —, mas os dados mais recentes apontam para um oceano e uma atmosfera com temperaturas não muito diferentes das atuais.

Essa situação traz, em si, um problema sério, pois os modelos para a evolução estelar sugerem que há 4 bilhões de anos a luminosidade do Sol era de apenas uns 70% do que é modernamente. Se o brilho do Sol era tão fraco, por que a Terra primitiva não era uma bola de gelo? A resposta é "gases de efeito estufa", a perdição do aquecimento global do século XXI, mas que no longo prazo garantem um clima adequado à habitabilidade. Na atmosfera, o dióxido de carbono, em particular, devia apresentar mais de cem vezes sua concentração atual, mantendo a jovem Terra quente o bastante para manter água líquida em sua superfície. A atmosfera primitiva parece ter consistido principalmente de gás nitrogênio e dióxido de carbono, com vapor de água e composições variáveis de gás hidrogênio. Conforme observado no Capítulo 1, observações químicas de rochas sedimentares antigas mostram que o oxigênio estava ausente. Eis aí uma boa notícia para a origem da vida, pois uma coisa que aprendemos com milhares de experimentos é que, quando o O_2 está presente, as reações químicas prebióticas não funcionam.

A vida, então, surgiu em uma Terra que, ao olhar de hoje, mal reconhecemos — muita água e pouca terra; muito dióxido de carbono, mas pouco ou nenhum oxigênio; hidrogênio e outros gases concentrados regionalmente; fontes termais por toda parte — uma Islândia global, pode-se dizer. Essa foi a bigorna sobre a qual a vida foi forjada, e se você estivesse lá (e não tivesse se esquecido de levar seu próprio suprimento de oxigênio), talvez não tivesse notado as mudanças acontecendo bem embaixo de seu nariz. Porém, a partir de seu começo humilde, a vida se alastraria de modo diversificado, povoando a Terra com bactérias, diatomáceas, sequoias e nós, moldando e remodelando a superfície do nosso mundo até os dias atuais.

O A ESCALA DO TEMPO GEOLÓGICO

"Tal como os outros segmentos da ciência natural cuja atuação se baseia na observação, notamos que as grandes massas mistas da crosta terrestre estão dispostas em grupos naturais que se sucedem em ordem regular." Com essas palavras, o geólogo inglês Adam Sedgwick sintetizou a grande revolução da ciência da Terra no século XIX: o reconhecimento da enorme idade do nosso planeta e sua codificação na escala de tempo geológico. Em 1835, Sedgwick definiu o Sistema Cambriano, uma sucessão de rochas sedimentares no País de Gales, que se diferenciava dos outros pacotes rochosos por sua geometria e posição espacial abaixo das camadas do Sistema Siluriano, um conjunto paleontologicamente distinto proposto mais ou menos na mesma época por outro geólogo britânico, Sir Roderick Impey Murchison. Decorridas algumas décadas, vários sistemas foram descritos e organizados em uma escala relativa de tempo com base nas relações estratigráficas entre eles. As rochas silurianas eram mais jovens que as cambrianas porque sempre ficavam acima destas; as rochas do Devoniano eram ainda mais jovens. Os intervalos de tempo nos quais cada sistema foi depositado passaram a ser conhecidos como períodos, e os fósseis foram reconhecidos como os marcadores de tempo da Terra. O resultado foi a escala de tempo geológico, ou pelo menos a parte dela agora conhecida como o Éon Fanerozoico (a idade dos fósseis animais visíveis).

No alvorecer do século XX, a sequência temporal relativa dos eventos gravados nas partes mais jovens do registro rochoso já estava bem estabelecida. Mas, embora os geólogos estivessem confiantes de que os mamíferos do Cenozoico eram mais jovens do que os dinossauros do Mesozoico, eles não sabiam a idade real desses intervalos de tempo, nem seus fósseis característicos. Com a descoberta da radioatividade, isso mudou para sempre. Já apresentamos aqui os isótopos, diferentes versões de elementos que se distinguem pelo número de nêutrons que obtêm. O carbono tem dois isótopos estáveis, carbono-12 e carbono-13, mas também tem um terceiro isótopo, carbono-14, que é radioativo. Seu núcleo é instável e se desfaz ao longo do tempo para formar nitrogênio pela emissão de um elétron (e, para quem se interessa pelos detalhes, um antineutrino de elétron). A taxa na qual esse decaimento ocorre pode ser medida: a meia-vida do carbono-14 — isto é, o tempo que leva para metade do carbono-14 em, digamos, um pedaço de madeira decair em nitrogênio — é de 5.730 ± 40 anos. Dessa forma, o carbono-14 fornece uma base para calibrar o tempo.

O carbono-14 serve para datar materiais arqueológicos, mas, como sua meia-vida é relativamente curta, não é útil para a imensidão da história da Terra. Outros isótopos radioativos, especialmente os de urânio, cumprem essa tarefa. Conforme vimos no Capítulo 1, os zircões, cuja formação se dá em larga escala em granitos e rochas magmáticas relacionadas, são particularmente bons para datação, permitindo aos geólogos mensurar a longa história da Terra. Por meio de inúmeras e minuciosas pesquisas de campo e laboratoriais, os geólogos quantificaram a história geológica. Sabemos, hoje, não apenas que o *Tyrannosaurus rex* viveu durante o final do Período Cretáceo, mas que habitou em florestas existentes entre 66 e 68 milhões de anos atrás. A datação radiométrica também teve papel preponderante no estabelecimento do cronograma da história pré-fanerozoica da Terra. A Figura 16 mostra a escala do tempo geológico como a entendemos em 2020; calibrar o tempo geológico é um processo contínuo, cujos muitos detalhes ainda estão por ser trabalhados. A figura mostra não só que o Éon Fanerozoico rico em fósseis foi datado com admirável resolução, mas também que o éon como um todo abrange apenas os 13% mais recentes da história do nosso planeta. A esquiva era Hadeana (4 a 4,54 bilhões de anos), a vetusta Arqueana (2,5 a 4 bilhões de anos) e a longa Proterozoica (0,5 a 2,5 bilhões de anos) representam a maior parcela do tempo geológico. Reserve um momento para apreciar a escala de tempo; nos capítulos subsequentes, geralmente usaremos os nomes de éons, eras e períodos como abreviação de tempo geológico, tal qual os historiadores falam da Idade do Ferro, da Idade Média ou do Renascimento.

UMA BREVE HISTÓRIA DA TERRA

ÉON	ERA	PERÍODO		ÉON
FANEROZOICO	CENOZOICO	QUATERNÁRIO (0–2.6)	Idade do Gelo	FANEROZOICO (0–541)
		NEOGENO (2.6–23)		
		PALEOGENO (23–66)	Extinção em Massa	PROTEROZOICO (541–2.500)
	MESOZOICO	CRETÁCEO (66–145)		
		JURÁSSICO (145–201)	Extinção em Massa	
		TRIÁSSICO (201–252)	Extinção em Massa	
	PALEOZOICO	PERMIANO (252–299)		ARCHEANO (2.500–4.000)
		CARBONÍFERO (299–359)		
		DEVONIANO (359–419)	Extinção em Massa	
		SILURIANO (419–444)	Extinção em Massa	
		ORDOVICIANO (444–485)		HADEANO (4.000–4.544)
		CAMBRIANO (485–541)		

MILHÕES DE ANOS ATRÁS

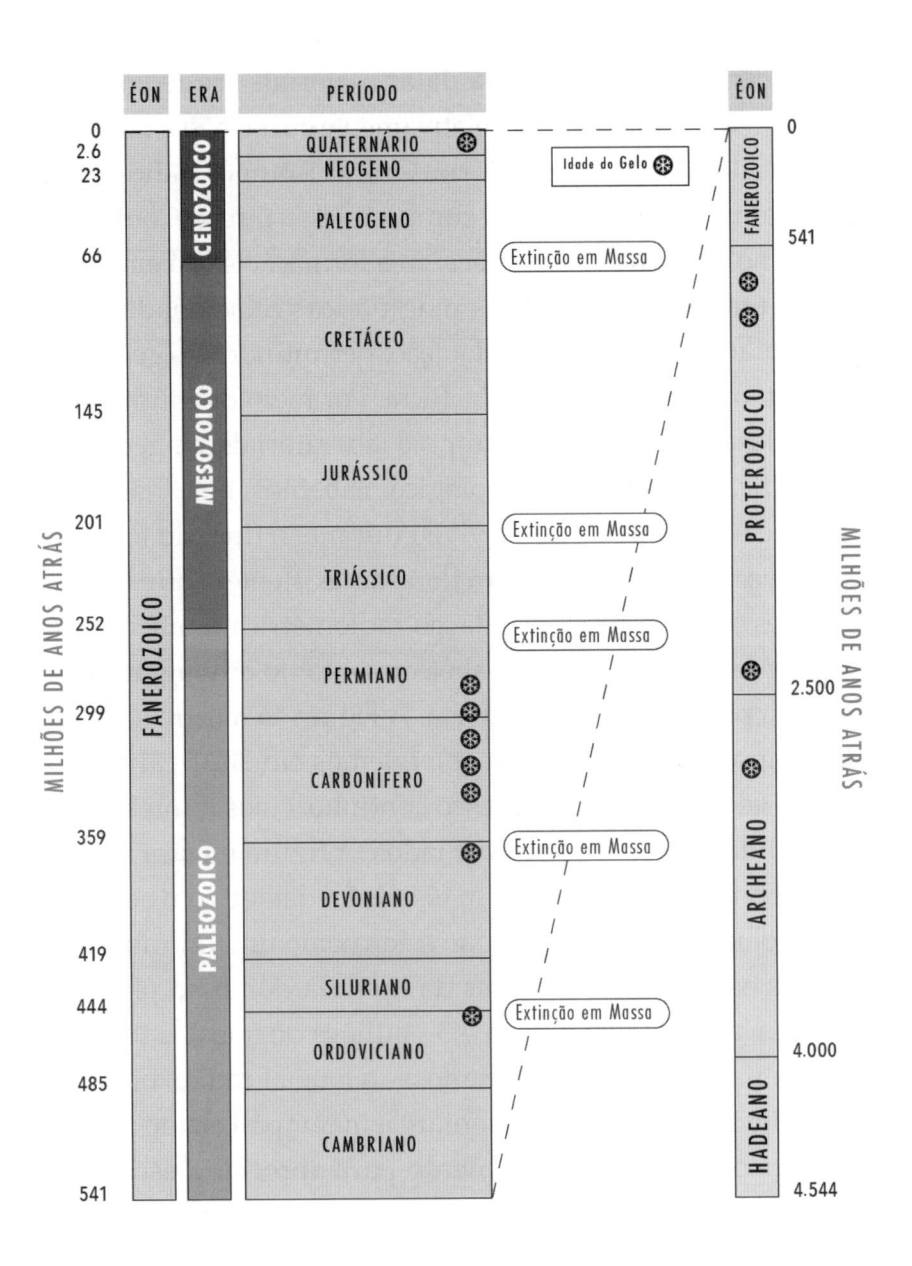

FIGURA 16. A escala de tempo geológico. Intervalos de tempo com base na Carta Cronoestratigráfica Internacional, versão 2020, elaborada pela Comissão Internacional de Estratigrafia.

© 1xpert/adobe.stock.com

4

Terra com Oxigênio

A ORIGEM DO AR RESPIRÁVEL

Todd Marshall

UMA ATMOSFERA SEM OXIGÊNIO? DE UMA MANEIRA fundamental, isso distingue nosso mundo atual daquele da jovem Terra, porém, como sabemos que se trata de uma afirmação verdadeira? Como ter certeza de que a Terra primitiva era tão diferente da nossa, e de que modo explicar a transição para um planeta que pode abrigar tamanduás e elefantes, além de nós? As amostras mais antigas conhecidas da atmosfera primitiva são bolhas de ar que foram aprisionadas no gelo da Antártida cerca de 2 milhões de anos atrás, o que significa que inferências sobre o ar e os oceanos antigos têm que vir de assinaturas químicas presentes no registro geológico. Da mesma forma que aprendemos algo sobre a cultura neandertal com base em seus artefatos, fazemos ideia da atmosfera primitiva da Terra a partir de rochas e minerais cujas composições refletem o contato com o ar e a água existentes na ocasião em que se criaram.

Dales Gorge [Karijini National Park, Pilbara, Austrália] é um bom lugar para começar. Trata-se de um desfiladeiro estreito encravado nas planícies áridas do noroeste da Austrália que expõe uma sucessão espessa de rochas sedimentares depositadas há quase 2,5 bilhões de anos (Figura 17). As rochas em si são incomuns, compostas de uma mistura uniformemente laminada de chert e minerais de ferro, de tom avermelhado devido à oxidação do ferro e a poeira vermelha que permeia o Outback [nome coloquial dado ao interior desértico australiano]. As rochas são chamadas, e muito apropriadamente, de formação ferrífera, e se em sua cozinha houver uma frigideira de ferro fundido, há uma boa chance de que ela tenha sido confeccionada com o metal vindo desse tipo de rocha.*

FIGURA 17. Formação ferrífera de 2,5 bilhões de anos existente em Dales Gorge, Austrália Ocidental. *Andrew H. Knoll*

---

* No Brasil, temos exemplares semelhantes: na Serra da Piedade, em Caeté, região metropolitana de Belo Horizonte, podemos encontrar formações ferríferas de 2,5 bilhões de anos iguais às de Dales Gorge. Aqui, no entanto, essas rochas recebem a denominação informal de "itabiritos", por serem encontradas na região de Itabira (MG). Outra localidade que tem formações ferríferas semelhantes é a Serra de Carajás, no Pará.

Significativamente, formações ferríferas não ocorrem no fundo do mar moderno: para gerar tais depósitos, o ferro deve ser transportado pelo oceano em solução, e isso só é possível na ausência de O_2. Mesmo uma pequena quantidade de oxigênio reagirá com o ferro dissolvido, formando minerais de óxido de ferro. Os oceanos atuais têm concentrações muito baixas de ferro, então as formações ferríferas são a assinatura dos oceanos nos quais, predominantemente, não havia oxigênio. E como a água do mar na superfície troca facilmente gases com a atmosfera, oceanos sem oxigênio provavelmente ficavam sob ar também pobre nesse gás.

As formações ferríferas distribuem-se amplamente em bacias sedimentares com mais de 2,4 bilhões de anos, mas após esse período, diminuem de modo acentuado, o que sugere que isso ocorreu quando o O_2 começou a permear a atmosfera e a superfície do oceano. Outras substâncias geológicas validam essa conclusão. Por exemplo, a pirita, ou ouro de tolo, é provavelmente mais conhecida pela maioria de nós como os admiráveis cubos dourados exibidos. Ela, no entanto, nos ajuda a contar a história do oxigênio. Encontrado em lamitos antigos e algumas rochas ígneas, o ouro de tolo é extremamente sensível ao O_2. Em um ambiente úmido rico em oxigênio, ele se oxidará em sulfato, a forma de enxofre encontrada no gesso. Como esse processo se dá em uma escala de anos a décadas, apesar de a pirita estar sob constante erosão nas rochas expostas nos continentes, em essência, nunca vemos esse mineral entre os grãos de areia da praia; erodida de rochas mais antigas, a pirita reage com o oxigênio e desaparece.

Isso pode se parecer mais como uma curiosidade geológica, mas quando examinamos arenitos depositados ao longo da costa antes de 2,4 bilhões de anos atrás, encontramos grãos de pirita que foram erodidos de uma fonte em terra, levados rio abaixo e, por fim, depositados ao longo da beira-mar, tudo sem entrar em contato prolongado até mesmo com pequenas quantidades de oxigênio. Já em sucessões sedimentares com menos de 2,4 bilhões de anos, é raro vermos tais grãos. Outros minerais sensíveis ao oxigênio nos contam a mesma coisa.

Horizontes [camadas de solo] de intemperismo antigos fortalecem a crença em uma mudança planetária 2,4 bilhões de anos atrás. Rochas expostas a condições climáticas [água, ventos, clima] sofrem intemperismo químico, gerando crostas de minerais alterados nas superfícies rochosas e contribuindo para a formação de solos. O ferro entra em jogo mais uma vez, e pelas mesmas razões já citadas. Quando os minerais ferríferos se intemperizam pela ação de ar e água livres de oxigênio, o ferro neles entra em solução e é levado pela chuva e pelos rios. Sob essas condições, quando comparamos o teor de ferro de uma rocha-mãe com sua superfície intemperizada, o horizonte de intemperismo está empobrecido [termo usado para rochas que já tiveram um determinado teor de um elemento químico, mas que sofreram processos que reduziram drasticamente esse teor] em ferro. Por outro lado, estando o oxigênio presente, o ferro liberado pelo intemperismo forma rapidamente minerais de óxido de ferro, mantendo-o no lugar. Quer saber quando os antigos horizontes de intemperismo mostram pela primeira vez evidências de contato com O_2? Coloque suas fichas em 2,4 bilhões de anos atrás, essa é a aposta inteligente.

Para finalizar, o detalhamento dos isótopos de enxofre em piritas e gipsitas antigas revelam que antes de 2,4 bilhões de anos atrás, os processos químicos na atmosfera desempenhavam um papel importante no ciclo do enxofre da Terra, algo que deixou de acontecer após esse período. Modelos químicos dão a entender que essa assinatura isotópica reveladora só tem condições de ser transmitida quando os níveis de oxigênio na atmosfera são extremamente baixos — menos de 1/100.000 da abundância de hoje.

POR MAIS DE 2 BILHÕES DE ANOS, ENTÃO — o que significa quase a primeira metade da história da Terra —, basicamente não havia oxigênio na atmosfera do planeta e nos oceanos, tornando impossível a existência de organismos como você e eu. Isso levanta duas questões importantes. Já argumentamos que a Terra era um planeta biológico 3,5 bilhões de anos atrás, e, quem sabe, muito antes disso. Que espécie de vida poderia prosperar nessa Terra primitiva e anóxica? E, tão importante quanto, por que esse longevo estado da superfície da Terra mudou 2,4 bilhões de anos atrás?

A vida sem oxigênio é uma questão relativamente fácil de abordar porque hoje existem ambientes livres de oxigênio nos quais a vida é abundante. Como a vida persiste nesses habitats proibidos (para nós)? Em nosso mundo macroscópico familiar, as plantas obtêm energia e carbono por intermédio da fotossíntese, valendo-se da luz para formar açúcar a partir do dióxido de carbono e liberando oxigênio como subproduto. De forma simplificada, a equação fotossintética se parece com isto:

$$CO_2 + H_2O \rightarrow CH_2O + O_2$$

Os animais fazem o contrário, ingerindo moléculas orgânicas como alimento, das quais algumas reagem na presença do oxigênio para ganhar energia — o que chamamos de respiração (as plantas também respiram):

$$CH_2O + O_2 \rightarrow CO_2 + H_2O$$

Note que as duas reações são complementares, sendo uma o inverso da outra. Em consequência, o carbono e o oxigênio vão e voltam entre os organismos e o meio ambiente, sustentando a vida ao longo do tempo.

Aprimore seu microscópio e você verá que muitos microrganismos fazem a mesma coisa — as algas, por fotossíntese, geram carbono orgânico e oxigênio; fungos, protozoários e algas, todos eles respiram, consumindo oxigênio e devolvendo carbono ao meio ambiente como CO_2. E, sim, em algumas bactérias, o ciclo de carbono também se dá dessa maneira.

A transformação de dióxido de carbono em açúcar requer elétrons, que plantas e algas extraem da água, gerando O_2 no processo. Há um alto custo energético nisso, inevitável, por falta de alternativas, quando o ambiente é rico em oxigênio.

Quando a luz se faz presente, mas o O_2 está ausente, no entanto, outras fontes de elétrons se tornam disponíveis: gás hidrogênio, sulfeto de hidrogênio com seu cheiro de ovo podre, íons de ferro em solução, entre outros. Em condições assim, diferentes organismos fotossintéticos tornam-se dominantes, todos eles bacterianos. Essas bactérias fotossintéticas não apenas obtêm desses doadores alternativos os elétrons de que necessitam, como também não geram O_2. É comum essas bactérias apresentarem uma coloração roxa ou verde profundo devido a seus pigmentos fotossinteticamente ativos, uma visão deslumbrante quando você se defronta com uma lagoa estagnada (Figura 18).

FIGURA 18. Habitats livres de oxigênio são comuns na Terra moderna. Aqui vemos uma comunidade microbiana das Ilhas Turks e Caicos, no Caribe. A camada fibrosa escura na superfície (acima da seta superior), na verdade pigmentada de verde profundo por cianobactérias, está exposta ao ar e, portanto, é

> rica em oxigênio. Abaixo desse verniz (na zona entre as setas), a luz ainda penetra, mas o oxigênio não, o que dá origem à camada um pouco mais clara, rica em bactérias fotossintetizantes roxas. Essas bactérias usam sulfeto de hidrogênio como fonte de elétrons e não geram oxigênio. Nessa camada e abaixo dela, a respiração aeróbica é impossível; alguns microrganismos respiram utilizando sulfato e outros íons, e outros fermentam moléculas orgânicas. *Andrew H. Knoll*

Se as bactérias fotossintéticas podem fixar CO_2 no açúcar sem produzir O_2, é o caso de perguntar: podem outras células completar o ciclo do carbono sem usar oxigênio na respiração? Mais uma vez, a versatilidade metabólica das bactérias é o ponto a destacar. Você e eu usamos O_2 para respirar moléculas orgânicas, porém, algumas bactérias podem respirar utilizando outros compostos, como íons sulfato (SO_4^{2-}) ou ferro oxidado (Fe^{3+}). Ou seja, da mesma maneira como os animais usam o oxigênio gerado pelas plantas para respirar moléculas orgânicas de volta ao CO_2, essas bactérias usam as moléculas produzidas quando as bactérias fotossintéticas adquirem elétrons do sulfeto de hidrogênio, ferro dissolvido e semelhantes. Assim, o ciclo do carbono em ambientes ensolarados, mas pobres em oxigênio, vincula-se aos ciclos do ferro e do enxofre. A juventude da Terra pode ter sido nossa primeira Idade do Ferro, cujo ciclo de carbono estava estreitamente ligado ao ciclo biológico do ferro em rios, lagos e mares pobres em oxigênio.

Bactérias e arqueas (apresentadas no capítulo anterior como as irmãs microbianas das bactérias) têm outros truques em seu leque metabólico. Algumas se valem da energia de

TERRA COM OXIGÊNIO

reações químicas para fixar carbono e não precisam da luz solar. E outras obtêm uma quantidade modesta de energia quebrando moléculas orgânicas em compostos mais simples, um processo denominado fermentação. Você mesmo é capaz de fermentar para gerar a energia necessária quando um exercício extenuante esgota o oxigênio em seus músculos: o ácido gerado por esse processo ocasiona a sensação de queimação que você pode sentir durante um treino puxado. Embora você possa fermentar moléculas orgânicas para proporcionar uma fonte temporária de energia, seu corpo não pode manter a vida dessa maneira. De fato, poucas células além de bactérias e arqueas são afeitas à fermentação, cujas campeãs são as leveduras, fonte da magia química que converte grãos em cerveja e uvas em vinho.

Isso nos permite perceber que os micróbios vivos hoje nos mostram como a vida poderia ter sido sustentada por 1 bilhão de anos em um planeta livre de oxigênio. Na Terra primitiva, diversas bactérias e arqueas ocuparam a terra e o mar, reciclando carbono, ferro, enxofre e outros elementos. Organismos mais complexos — algas, protozoários, fungos, plantas e animais — necessitam de oxigênio para o metabolismo e, portanto, teriam que esperar na fila do processo evolucionário até que o O_2 se tornasse um elemento de presença constante na superfície da Terra.

POR QUE, ENTÃO, NOSSO PLANETA MUDOU DE MODO tão profundo 2,4 bilhões de anos atrás? Os geólogos concordam sobre *quando* o O_2 começou a se acumular, mas no momento não há consenso sobre *como* isso teria acontecido. Deixe-me resumir as peças-chave do quebra-cabeça como as vejo, admitindo que outros possam pintar um quadro diferente.

Há consenso em ao menos dois pontos. Primeiro, o oxigênio no ar que respiramos deve sua existência à vida. O único processo capaz de injetar oxigênio na atmosfera do nosso planeta é a fotossíntese oxigenada, aquela na qual a água fornece elétrons, gerando O_2 como subproduto. O Grande Evento de Oxigenação da Terra (GOE, na sigla em inglês) foi revolucionário, e as cianobactérias — as únicas bactérias capazes de fotossíntese oxigenada — foram os heróis da revolução. Tendo isso em mente, surge uma solução potencialmente simples: a origem evolutiva das cianobactérias levou diretamente ao GOE. De fato, simples, mas duas observações, uma geológica e outra ecológica, sugerem que a questão seja, na verdade, mais complicada.

Acontece que há, em rochas sedimentares com mais de 2,4 bilhões de anos, assinaturas químicas que muitos interpretam como evidência de produção temporária de oxigênio em um planeta no qual, de um modo geral, não havia oxigênio. Algumas das mesmas assinaturas químicas que registram mudanças ambientais permanentes há 2,4 bilhões de anos sugerem acumulações anteriores de oxigênio, mas de volume limitado, locais e de curta duração. Tais interpretações têm seus opositores, mas as evidências para essas "lufadas de oxigênio" são fartas e crescentes, e caso ao menos uma delas seja interpretada corretamente, a fotossíntese oxigenada deve ter se originado centenas de milhões de anos antes do GOE. Inferências, a partir da biologia molecular, também dão a entender que as cianobactérias produtoras de oxigênio se originaram muito antes de dominarem os ecossistemas iluminados pelo Sol.

A ecologia ajuda a explicar os dados geológicos. Já vimos que em ambientes atuais banhados pelo Sol, nos quais ferro dissolvido, sulfeto de hidrogênio ou outras fontes alternativas de elétrons se fazem presentes, as cianobactérias não têm de fato um bom desempenho. Isso sugere que, nos primeiros oceanos, as cianobactérias estavam normalmente em desvantagem competitiva em relação a outras espécies de bactérias fotossintéticas. Como as cianobactérias superaram essa desvantagem em um mundo que por muito tempo favoreceu diferentes micróbios fotossintetizantes? Para encontrar uma resposta, é preciso pensar além da biologia e considerar a Terra em si.

Aqui entra o segundo ponto de consenso: a *existência* da fotossíntese das cianobactérias não basta para incrementar a mudança planetária. O O_2 na atmosfera e nos oceanos só se acumulará quando a *taxa* da produção de oxigênio pelas cianobactérias exceder a taxa em que os processos físicos e biológicos o removem.

Há, então, duas maneiras de explicar de que modo as cianobactérias podem ter se originado bem antes do oxigênio iniciar seu acúmulo permanente na atmosfera e no oceano superficial. Talvez a quantidade reduzida de gases e íons nos oceanos primitivos tenha favorecido outras bactérias fotossintetizantes que não fossem as cianobactérias. E, possivelmente, as taxas gerais de fotossíntese eram suficientemente baixas para que qualquer gás oxigênio gerado pelas primeiras cianos fosse eliminado por emanações vulcânicas e minerais de intemperismo. Acredito em ambas as explicações.

Hoje, as taxas de fotossíntese são geralmente limitadas não pela luz solar, dióxido de carbono ou água, mas sim pela disponibilidade de nutrientes. Dentre eles, especialmente o fósforo, encontrado no DNA, nas membranas e no ATP (a moeda energética corrente no interior das células), e o nitrogênio, necessário tanto para o DNA quanto para as proteínas. Algumas bactérias e arqueas podem converter o gás nitrogênio em moléculas biologicamente utilizáveis, assim como os relâmpagos o fazem (em quantidades limitadas), então nos concentraremos no fósforo como tentativa de compreender a biosfera inicial. O fósforo é removido das rochas pelo intemperismo resultante da exposição aos elementos do clima e entra nos oceanos por meio da descarga dos rios. Organismos fotossintetizantes absorvem esse fósforo e o incorporam em biomoléculas; outros organismos conseguem fósforo a partir dos alimentos que ingerem, e a cadeia alimentar se encarrega de transferi-lo de um organismo para outro. Por fim, grande parte desse fósforo deposita-se no fundo do mar, em uma lenta precipitação de partículas orgânicas vindas da superfície. As bactérias dentro dos sedimentos liberam uma parcela substancial desse fósforo, e as correntes marítimas profundas o devolvem à superfície para alimentar a fotossíntese renovada.

Nos primeiros oceanos, o fósforo vindo dos continentes era baixo devido ao volume limitado de rochas que se elevavam acima do mar. Ao mesmo tempo, o retorno do fósforo à superfície pela ressurgência de águas profundas [fenômeno em que as águas oceânicas mais profundas e frias sobem até a superfície] também teria limitações em virtude da reciclagem ineficiente. Meu laboratório e outros usaram princípios básicos da química para estimar quanto fósforo estaria disponível para microrganismos fotossintetizantes nos oceanos primordiais, e a resposta é "não muito". De fato, é provável que a disponibilidade de nutrientes tenha imposto fortes restrições ao início da vida, limitando a fotossíntese, seja por cianobactérias ou outras bactérias, a níveis incapazes de induzir uma transformação global.

Conforme nosso planeta amadurecia, continentes grandes e estáveis surgiam acima do nível do mar, aumentando, então, o aporte de fósforo proveniente da erosão para os mares. Em dado momento, quando o suprimento de fósforo veio a superar a disponibilidade de doadores de elétrons alternativos, as cianobactérias ganharam importância ecológica. E, ao fazê-lo, transformaram o mundo. O oxigênio que elas produziam filtrou outras fontes de elétrons das águas iluminadas pelo Sol, predispondo a biosfera, de maneira permanente, a rumar em direção à fotossíntese oxigenada e ao ar rico em oxigênio. Agora, à medida que os sedimentos soterravam a matéria orgânica produzida pelas cianobactérias, protegendo-a da respiração, o mecanismo de acumulação de O_2 da Terra foi acionado. Não havia como voltar atrás.

De acordo com essa visão, o Grande Evento de Oxigenação não decorreu simplesmente do desenvolvimento físico da Terra, nem refletiu exclusivamente a inovação evolucionária.

Foi a *interação* entre a Terra e a vida que transformou a superfície do nosso planeta.

QUANTO OXIGÊNIO FOI ACUMULADO durante o GOE e os eventos subsequentes? E quais foram as consequências disso? A quantificação dos antigos níveis de oxigênio continua sendo um desafio, mas várias observações mostram que a resposta, de novo, é "não muito". Análises químicas de rochas sedimentares indicam que por quase 2 bilhões de anos após o GOE, os oceanos do mundo assemelhavam-se a algo como o atual Mar Negro, com oxigênio nas águas superficiais, mas não profundas. A despeito de alguns dados sugerirem que o oxigênio aumentou acentuadamente durante o GOE, há cerca de 1,8 bilhão de anos, o O_2 na atmosfera e na superfície do oceano voltou a talvez 1% ou mais dos números atuais, o que é muito para sustentar uma ameba, mas não o bastante para um besouro. (A formação ferrífera retornou por um breve período em todo o globo, cerca de 1,9 bilhão de anos atrás, talvez refletindo um forte pulso de fluidos hidrotermais do manto para os oceanos. O ferro extraído na Cordilheira Mesabi, em Minnesota, reflete esse evento.)

Ainda que em concentrações modestas, entretanto, o oxigênio abria novas possibilidades de vida. Alimentados por cianobactérias, os ecossistemas foram se tornando mais produtivos e mais energéticos. (Note-se que a respiração usando O_2 produz muito mais energia do que a respiração sem oxigênio ou a fermentação.) E se você pudesse viajar no tempo e voltar a esse admirável mundo novo de gás oxigênio, devidamente equipado — microscópio na mão e protegido por máscara facial e tanque de oxigênio —, teria notado algo que não estava lá antes. No meio do caminho percorrido pela história da vida, surgiu um novo tipo de célula.

Eucariotas são organismos constituídos por células nas quais o DNA está compartimentado dentro de um núcleo. Você e eu somos um eucariota, da mesma forma que pinheiros, algas marinhas, cogumelos e organismos unicelulares que variam de amebas a diatomáceas — somando talvez por volta de 10 milhões de espécies no total. Porém, se o núcleo define os eucariotas, há outras características celulares que vêm desempenhando papéis fundamentais em sua história e ecologia. Algo particularmente importante nos eucariotas é que, ao contrário das bactérias, eles têm um sistema interno dinâmico de estruturas moleculares e membranas que possibilita às suas células crescer e assumir diversas formas diferentes. O sistema permite também aos eucariotas sobreviver de maneiras que as bactérias em geral não conseguem, em especial engolindo pequenas partículas de alimentos, incluindo outras células. Por meio da predação, então, as células eucarióticas trouxeram nova complexidade aos ecossistemas. E, como veremos no próximo capítulo, novas formas de comunicação entre as células abriram caminho para organismos multicelulares complexos.

A respiração dentro das células eucarióticas, bem como a fotossíntese, estão localizadas em pequenas estruturas denominadas organelas; as mitocôndrias são a base da respiração, e é nos cloroplastos que ocorre a fotossíntese. Essas organelas se parecem um pouco com células bacterianas. Os cloroplastos, por exemplo, têm membranas internas semelhantes às das cianobactérias. Há mais de um século, o botânico russo Konstantin Mereschkowski argumentou que isso não era coincidência. Conhecendo a descoberta anterior de que os corais de recife abrigam algas em seus tecidos, Mereschkowski ponderou que os cloroplastos se originaram como cianobactérias de vida livre que foram tragadas por protozoários e finalmente reduzidas à escravidão metabólica. Quando não ridicularizada, a ideia de Mereschkowski simplesmente caiu no esquecimento, um destino comum na ciência. Nesse caso, contudo, Mereschkowski estava certo. Iniciada a era da biologia molecular, foi viável revisitar sua hipótese com novas ferramentas. Há no cloroplasto uma pequena quantidade de DNA, e a análise da sequência molecular de seus genes deixa claro que, na Árvore da Vida, os cloroplastos se aninham dentro das cianobactérias. Outras pesquisas demonstraram que as mitocôndrias também têm linhagem bacteriana. É crescente a visão de que a própria célula eucariótica tenha surgido de uma parceria de longa data entre uma célula do tipo das arqueas e uma bactéria capaz de respiração aeróbica. De fato, os cientistas descobriram recentemente arqueas com moléculas similares às que organizam o interior das células em eucariotas. Somos quimeras evolucionárias, e as plantas têm um parceiro adicional, utilizando o poder das cianobactérias para trazer a fotossíntese ao nosso domínio.

Coloquemos, agora, essa história biológica em perspectiva ambiental. A maioria dos eucariotas respira usando oxigênio, e aqueles que não o fazem são descendentes de ancestrais que o faziam. Ademais, quase todos os eucariotas que vivem onde há ausência de oxigênio ainda requerem biomoléculas que se formam apenas onde o O_2 está disponível; eles obtêm aquilo de que precisam ingerindo alimentos provenientes de ambientes ricos em oxigênio. Então, de certa e importante maneira, os eucariotas são filhos do GOE.

Corroborando esse ponto de vista, começamos a ver fósseis de células eucarióticas em rochas sedimentares depositadas entre 1,6 bilhão e 1,8 bilhão de anos. Rochas com essa idade na Austrália, China, Montana e Sibéria apresentam uma variedade modesta de microfósseis cujas paredes celulares preservadas são de uma complexidade estrutural e morfológica vista hoje apenas em organismos eucarióticos. Alguns tinham longas extensões semelhantes a braços, talvez permitindo que absorvessem moléculas orgânicas dissolvidas, assim como os fungos fazem hoje (Figura 19). Outros tinham grossas paredes no formato de placas, possibilitando-lhes ficar adormecidos quando o ambiente não favorecia o crescimento (Figura 20). Alguns até atingiram um grau simples de multicelularidade, formando camadas de células visíveis a olho nu (Figura 21). Uma nova revolução biológica estava a caminho, mas é preciso lembrar que os eucariotas emergentes não tomaram o lugar das bactérias e arqueas que governaram a Terra desde o início da vida. Eucariotas foram intercalados em ecossistemas microbianos ainda dependentes do metabolismo microbiano. Ainda hoje, há na biosfera 30 toneladas de bactérias e arqueas para cada tonelada de animal.

Quanto à crescente quantidade de fósseis preservados nos bilhões de anos seguintes, encontramos cada vez mais diversidade eucariótica, incluindo algas que descendem, inequivocamente, daquela parceria inicial entre um protozoário e uma cianobactéria, bem como células protegidas de predadores por paredes resistentes em forma de vaso ou revestidas de escamas, além de uma crescente diversidade de estruturas multicelulares simples (Figuras 22 e 23).

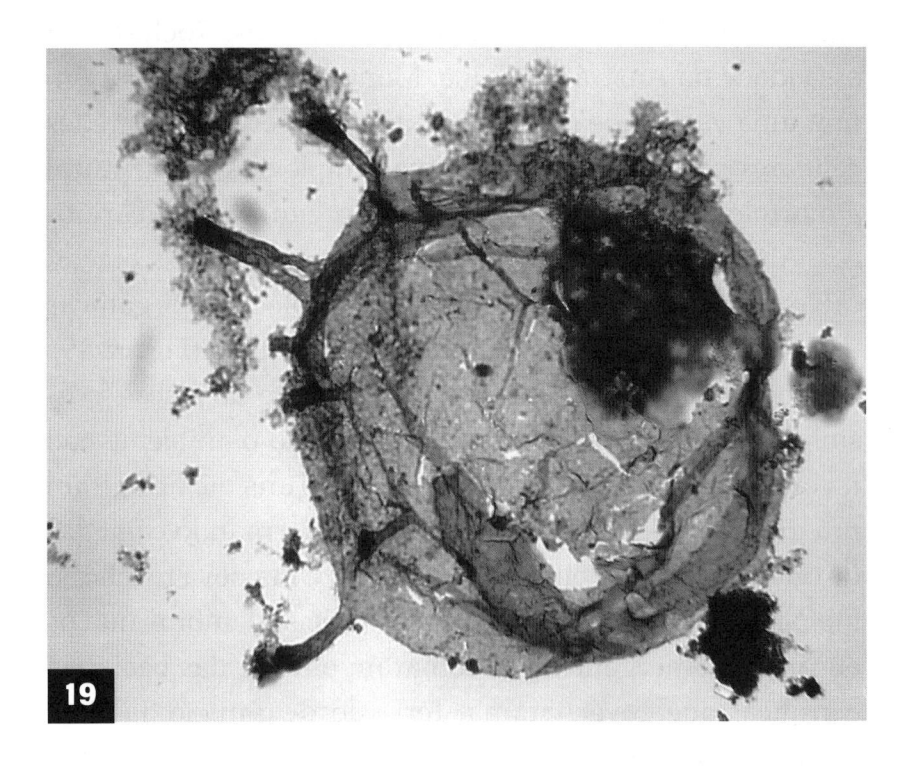

TERRA COM OXIGÊNIO

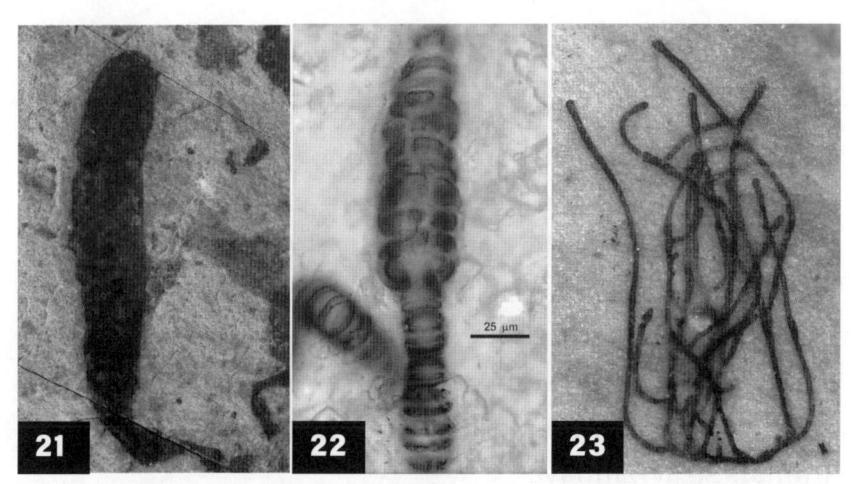

FIGURAS 19-21. Fósseis de organismos eucarióticos primitivos. A **Figura 19** mostra um organismo unicelular com extensões semelhantes a braços, que podem ter funcionado para absorver moléculas orgânicas para alimentação, de rochas de 1,4 a 1,5 bilhão de anos, provenientes do norte da Austrália; a **Figura 20** exibe uma parede celular espessa, semelhante a uma placa,

que teria protegido seu dono de um ambiente desfavorável e de outros organismos, também de rochas de 1,5 a 1,5 bilhão de anos na Austrália; a **Figura 21** mostra aquele que está entre os mais antigos organismos conhecidos com uma estrutura multicelular simples, de rochas de quase 1,6 bilhão de anos na China. A barra na Figura 20 equivale a 50 mícrons nas Figuras 19 e 20, e a 5 milímetros na Figura 21. Figuras 19 e 20 por Andrew H. Knoll; Figura 21 por cortesia de Maoyan Zhu, Nanjing Institute of Geology and Palaeontology. **Figuras 22 e 23.** Os fósseis revelam que diversos eucariotas prosperaram antes do surgimento dos animais. Aqui vemos as mais antigas algas vermelhas (Figura 22) e verdes (Figura 23) conhecidas, preservadas em rochas de bilhões de anos do ártico do Canadá e da China, respectivamente; a barra na **Figura 22** equivale a 25 mícrons nessa figura, e a 225 mícrons na **Figura 23**. Figura 22 por cortesia de Nicholas Butterfield, University of Cambridge; Figura 23 por cortesia de Shuhai Xiao, Virginia Tech

Esse mundo de baixo oxigênio e (principalmente) vida microbiana persistiu por muitos milhões de anos, mas entre aquelas criaturas multicelulares simples nos oceanos do Proterozoico tardio havia outra revolução sendo gestada. Nas rochas das camadas mais superiores do Proterozoico, depositadas logo após uma vasta era do gelo global, grandes organismos complexos aparecem no registro fóssil. Mais de 3 bilhões de anos após o surgimento da vida, a era dos animais se avizinhava.

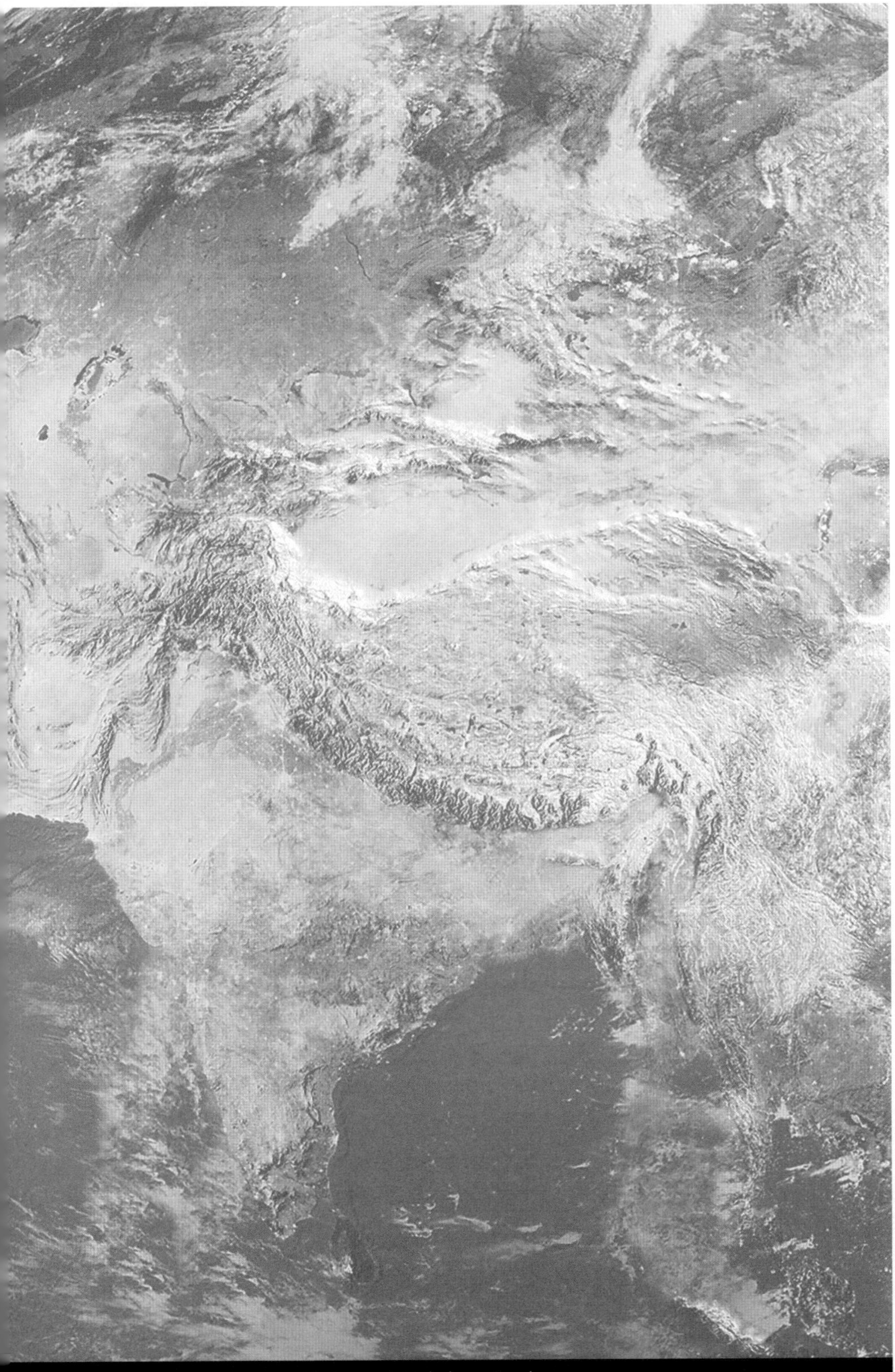

5

Terra **Animal**

A VIDA FICA GRANDE

Todd Marshall

FELIZ O PALEONTÓLOGO QUE VISITA MISTAKEN
Point em uma tarde ensolarada. Patrimônio mundial da UNESCO na extensão da costa rochosa do sudeste da Terra Nova [extremo leste do Canadá], Mistaken Point está normalmente envolto por neblina ou sob uma chuva forte. Porém, se chegar no fim de uma rara tarde clara, quando o Sol vai se pondo e sua luz destaca as feições superficiais das antigas camadas na forma de um relevo acentuado, você nunca esquecerá essa visão.

Os penhascos marinhos em Mistaken Point consistem em sedimentos lamacentos e cinzas vulcânicas depositadas, camada após camada, no fundo do mar, cerca de 565 milhões de anos atrás. O local tem três características notáveis que, coletivamente, fazem dele algo especial. A primeira é que as falésias em forma de degraus expõem extensas superfícies de camadas sedimentares antigas, preservadas para sempre pelo soterramento rápido e, essencialmente, nos permitindo caminhar pelo antigo assoalho oceânico. A segunda característica incomum é a abundância de cinzas vulcânicas, o que facilita a datação das camadas individualmente. A terceira, e mais extraordinária, é aquilo que povoa as superfícies dispostas em camadas. Ao olhar, você verá centenas de fósseis estranhos e maravilhosos, formas de vida aparentemente alienígenas preservadas onde viveram, sepultadas por cinzas vulcânicas

— uma Pompeia paleontológica (Figura 24). Alguns parecem folhas grandes, outros se assemelham a leques. Alguns são longos e finos, lembram um pouco as penas da cauda dos faisões. Muitos permaneciam eretos sobre o fundo do mar, ancorados ao sedimento por um suporte bulboso, mas balançando-se na corrente. Outros se espalham pela superfície do sedimento. Mas seja qual for o comprimento e a largura, todos têm apenas alguns milímetros de espessura, e a estrutura da maioria é acolchoada, mais ou menos como os tubos conjugados do colchão de ar que eu levava para acampar quando menino. Talvez surpreendentemente, a maioria dos cientistas os credita como sendo fósseis dos animais mais antigos que se conhece, nosso primeiro vislumbre paleontológico do grupo que se diversificaria por toda a face do planeta.

FIGURA 24. Fósseis de animais primitivos em rochas sedimentares de 565 milhões de anos de Mistaken Point, Terra Nova. A barra de escala mostra unidades de 1 cm. Cortesia de *Guy Narbonne, Queen's University*

Para entender a biologia e, assim, as relações dos fósseis de Mistaken Point em termos evolutivos, precisamos partir bem do começo, ficando muito atentos ao que é preservado — e, igualmente, ao que não é. Vamos começar examinando como esses organismos estranhos obtiveram carbono e energia. De que maneira eles viviam? Alguns lembram um pouco algas marinhas, então talvez fossem fotossintéticos. Não, os organismos de Mistaken Point viviam várias centenas de metros sob a superfície do mar, bem abaixo das profundezas penetradas pela luz solar. Hoje, alguns animais do fundo do mar se utilizam de bactérias simbióticas que podem usar energia química para fixar carbono. Mas não é esse o caso, pois os animais que vivem em íntima associação com essas bactérias prosperam onde as águas com e sem oxigênio se encontram. Evidências químicas das rochas de Mistaken Point indicam que aqueles organismos viviam em ambientes estáveis e relativamente ricos em oxigênio.

O que resta é a heterotrofia — ganhar carbono e energia ingerindo moléculas orgânicas cuja sintetização foi originalmente realizada por outras espécies. Somos heterotróficos, assim como tubarões, caranguejos e lulas. Mas essa lista aponta para as características que faltam aos fósseis de Mistaken Point. Faltam-lhes bocas, e eles não têm membros para se mover ou agarrar presas. Eles não parecem ter um sistema digestivo bem desenvolvido, e poucos ou nenhum deles moviam-se ativamente no fundo do mar ou acima dele. Como, então, poderiam se alimentar?

Neste ponto, precisamos retornar aos animais vivos para efeito de comparação, embora não às espécies encontráveis todos os dias em florestas, zoológicos ou documentários sobre a natureza. Deixem-me lhes apresentar a *Trichoplax adhaerens*, a única espécie formalmente descrita do obscuro filo Placozoa (Figura 25). Entre os menores (com alguns milímetros de comprimento) e mais simples animais vivos do mundo, cada *indivíduo* de Trichoplax consiste principalmente em um sanduíche composto de duas folhas de células, uma superior e outra inferior, chamadas epitélios, e um recheio contendo fluido e algumas células fibrosas; eles não têm boca, membros, pulmões, brânquias, rins ou sistema digestivo. As células que revestem a superfície do *Trichoplax* podem consumir partículas de alimentos, tal como os protozoários, e também absorvem moléculas orgânicas da água ou dos sedimentos à sua volta. Eles obtêm o oxigênio de que precisam por difusão e, por esse motivo, são obrigatoriamente finos.

Essa descrição concisa do *Trichoplax* parece bastante com nosso retrato anterior dos fósseis de Mistaken Point, a não ser pelo tamanho. Eu, de fato, concordo com uma visão, apresentada em 2010 pelos então estudantes de pós-graduação Erik Sperling e Jakob Vinther, de que os placozoas vivos podem ser os derradeiros sobreviventes da radiação inicial de animais documentados por fósseis em Mistaken Point e em outros lugares. A Figura 26 mostra uma filogenia simples — uma árvore genealógica — de animais. Centrando-se no momento em grupos sobreviventes, a árvore indica que o último ancestral comum desses animais originou duas linhagens, uma contendo esponjas e uma segunda que inclui praticamente todo o resto. Alguns fósseis de Mistaken Point sugerem afinidades com esponjas, mas não se sobressaíam, ecologicamente, no ecossistema local. Subindo o galho correspondente a "todo o resto", chegamos a outra ramificação de onde divergem placozoas e depois mais uma onde cnidários (anêmonas do mar, corais, águas-vivas) e bilaterias (insetos, caracóis, nós e tudo o mais com cabeça e cauda, superior e inferior, esquerda e direita) se separam. A lógica dessa árvore exige que as ramificações mais próximas da base da árvore antecedam as ramificações mais altas da copa. Em face da comparação de nossos fósseis de Terra Nova com placozoas, há a sugestão de que os fósseis peculiares de Mistaken Point — mais Dalí do que Devoniano — refletem uma diversificação precoce de animais anatomicamente simples que sucederam a divergência de esponjas, mas precederam a expansão de cnidários e bilaterias, mais complexos e diversos, tão conspícuos nos oceanos modernos.

25

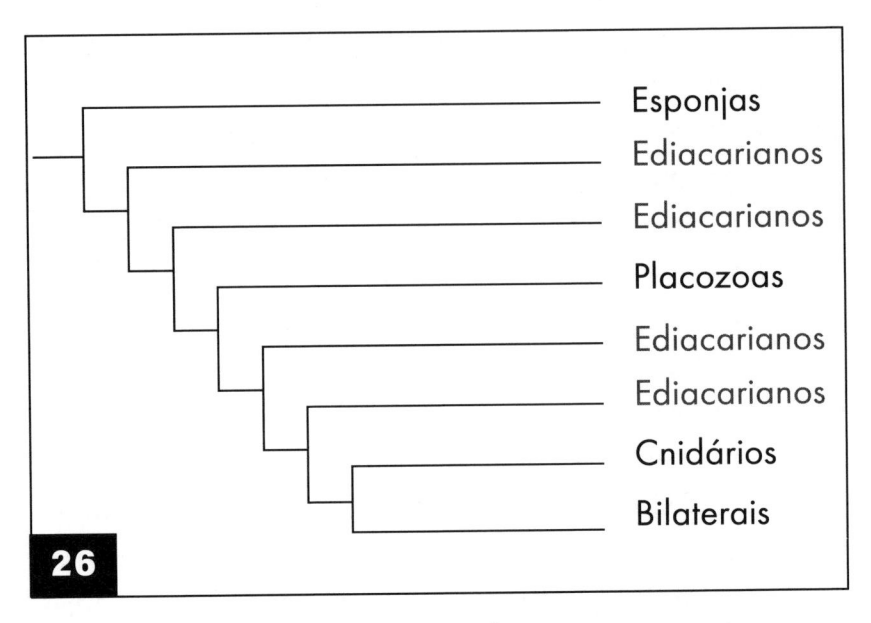

```
                                    ─── Esponjas
                                 ─── Ediacarianos
                              ─── Ediacarianos
                           ─── Placozoas
                        ─── Ediacarianos
                     ─── Ediacarianos
                  ─── Cnidários
                  ─── Bilaterais
26
```

FIGURAS 25 E 26. *Trichoplax adhaerens* e sua proposta relação evolutiva tanto com animais Ediacaranos quanto com animais atuais. *A Figura 25 é cortesia de Mansi Srivastava, Harvard University*

Os fósseis de Mistake Point às vezes são chamados de fauna Ediacara — ou somente Ediacara —, porque viveram durante o Período Ediacarano. Esse período, estabelecido como parte da escala geológica internacional apenas em 2004, mais de um século após os períodos do Éon Fanerozoico que se seguiu, é delimitado por dois eventos de enorme importância. Por volta de 80 milhões de anos antes do início do Período Ediacarano, a Terra foi envolvida duas vezes, do polo ao equador, por gelo glacial, formando uma "Terra Bola de Neve". Muito provavelmente, as maiores eras glaciais da Terra tiveram um efeito profundo na biologia e, de fato, muitas algas e protozoários registrados como fósseis em oceanos pré-glaciais não ocorrem em rochas depositadas depois que o gelo refluiu. Muitas linhagens, todavia, devem ter sobrevivido, entre elas os ancestrais da fauna Ediacara (e de todos os animais vivos). Como aconteceu esse congelamento profundo da Terra e, tão importante quanto, como o planeta saiu dele?

Geólogos e especialistas em modelagem climática continuam a debater as causas das eras glaciais do Proterozoico tardio, mas todos concordam que, como sempre, o ciclo do carbono teve um papel-chave nos eventos climáticos extremos registrados pelas rochas. Uma hipótese atraente para o estopim da "Bola de Neve" é que tenha ocorrido um derramamento maciço de rochas vulcânicas em continentes de baixa latitude. As rochas vulcânicas consomem uma grande quantidade de CO_2 quando sofrem intemperismo, e as temperaturas quentes encontradas perto do equador garantiriam intemperismo e erosão rápidos. Assim, os eventos tectônicos podem ter reduzido bastante o gás de efeito estufa de dióxido de carbono, resfriando o planeta e iniciando a glaciação. Em 1969, o climatologista russo Mikhail Budyko postulou que, à medida que o gelo se espalhava dos polos rumo ao equador, ele refletia mais da radiação solar incidente de volta ao espaço, resfriando o planeta e, portanto, facilitando a expansão do manto de gelo (e reforçando ainda mais a reflexão da luz solar de volta ao espaço). Com o tempo, a glaciação descontrolada acabou por envolver a Terra. Budyko argumentou que, apesar de matematicamente plausível, isso nunca aconteceu, uma vez que, ele raciocinou, se a Terra entrasse em um estado Bola de Neve, nunca poderia escapar. A geologia mostra que, pouco antes do Período Ediacarano, toda a Terra ficou branca. Grossas camadas de gelo se espalharam pelos continentes, dos polos ao equador, e o gelo marinho recobriu os oceanos — pense em uma paisagem como a da Antártida se espalhando pelo Caribe. Mas você é a prova viva de que a Terra escapou dessas garras geladas.

Evidências das rochas mostram que, após milhões de anos, o gelo se foi rapidamente: as geleiras recuaram para os polos e topos das montanhas e depois desapareceram. O que teria precipitado o colapso dessas grandes camadas de gelo? Mais uma vez, voltamos ao ciclo do carbono. Ao passo que o gelo se espalhava pelo planeta, os processos que retiram o dióxido de carbono da atmosfera — principalmente o intemperismo continental e a fotossíntese — ficaram mais lentos; porém, os processos que adicionam CO_2 ao ar — especialmente o vulcanismo — não diminuíram o ritmo. Ao longo do tempo, o dióxido de carbono na atmosfera se acumulava, por fim atingindo o nível crítico no qual o aquecimento do efeito estufa desencadeou um derretimento catastrófico. Sai a era do gelo, entra o Período Ediacarano.

MISTAKEN POINT TEM a honra de ser um lugar onde se registram as mais antigas ocorrências conhecidas de animais de Ediacara, mas várias dezenas de outras localidades tão distantes quanto a Austrália (lar das Ediacara Hills, colinas que emprestaram seu nome ao período), Rússia, China, noroeste do Canadá, Califórnia e África mostram que animais muito semelhantes aos da Terra Nova povoaram globalmente os oceanos do final do Ediacarano. Existem os *Dickinsonia*, ovais planos que abraçavam o fundo do mar entre 550 e 560 milhões de anos atrás (Figura 27). Embora apresentem diferenças óbvias com relação aos fósseis de Mistaken Point, a visão geral se mantém: eles eram organismos simples constituídos de tubos repetidos, provavelmente cheios de fluido, que se alimentavam por captura e absorção de partículas e obtinham oxigênio por difusão. Curiosamente, alguns espécimes excepcionais da região do Mar Branco, na Rússia, preservam fósseis moleculares que atestam o lugar dos *Dickinsonia* entre os animais.

Há, ainda, o *Arborea*, um fóssil que lembra uma folhagem, muito encontrado em arenitos ediacaranos mais jovens (Figura 28). O *Arborea* é um animal que tinha um suporte circular preso no fundo do mar raso e uma haste cilíndrica que levantava dois flanges parecidos com penas na água ao redor. Sem boca, brânquias, sistema digestivo ou membros óbvios, é provável que o *Arborea* também tenha se alimentado e obtido oxigênio como o *Dickinsonia* e os animais de Mistaken Point. Entretanto, um recurso diferencia o *Arborea*. Um estudo cuidadoso de Frankie Dunn e colegas mostra que cada unidade bulbosa nos flanges se conecta a um tubo fino que desce pelo caule até a base. Isso e a construção geralmente modular do fóssil abrem a possibilidade de que o *Arborea* fosse uma colônia, e não um único indivíduo, o que não é de se admirar, pois antes da evolução de animais bilaterais com órgãos bem desenvolvidos, a formação de colônias teria sido a principal maneira de a natureza gerar complexidade animal. Tomemos, por exemplo, a caravela--portuguesa, uma cnidária marinha de hoje em dia cujos ferrões deixam vergões feios em nadadores distraídos. Ela se parece com uma água-viva, mas na realidade é uma colônia composta de numerosos indivíduos, com cada um tendo se desenvolvido de forma a exercer uma função específica. O que fica boiando é um indivíduo. As estruturas semelhantes a tubos que pendem para baixo dele são indivíduos separados que se dedicam à alimentação, reprodução ou defesa. O *Arborea* pode registrar um experimento evolutivo primitivo nesta direção.

Mas nem todos os fósseis do Ediacarano tardio se encaixam nesse perfil. O *Kimberella* é um pequeno fóssil que, descoberto pela primeira vez na Austrália, é mais conhecido pelos espécimes, mais de mil, lindamente preservados, encontrados nas rochas do Mar Branco (Figura 30). Com poucos centímetros de comprimento, o *Kimberella* tinha uma frente e costas distintas, superior e inferior, esquerda e direita, identificando-o como parte do grande ramo bilateral da árvore animal. Seus fósseis evidenciam um pé musculoso, com vísceras sobrejacentes e uma cobertura levemente ornamentada. Antigos rastros deixam claro que o *Kimberella* se movia no fundo do mar, e vestígios de arranhões provenientes da área onde seria sua boca revelam que esses animais tinham um órgão rígido, em forma de pente, em sua boca, que lhes permitia se alimentar raspando algas e outros microrganismos do fundo do mar, bastante parecido com a rádula dos caracóis modernos. Vestígios e rastros em outros arenitos dessa idade registram outros bilaterias simples, conhecidos apenas por seus movimentos no fundo do mar e dentro dele (Figura 31).

Conforme o Período Ediacarano se aproximava do fim, as inovações se sucediam. Tubos de carbonato de cálcio, descobertos pela primeira vez em calcários de 541 a 547 milhões de anos na Namíbia, mas, novamente, conhecidos por sua presença global, assinalam o surgimento de esqueletos mineralizados em animais (Figura 29). Essa armadura requer energia para ser confeccionada, mas conforme os predadores se expandiam, o investimento na construção foi recompensado pelo inestimável dividendo da sobrevivência. Ao se encerrar esse período, as excentricidades ediacaranas eram moderadamente diversas, mas os animais familiares de nosso próprio mundo ainda estavam por vir.

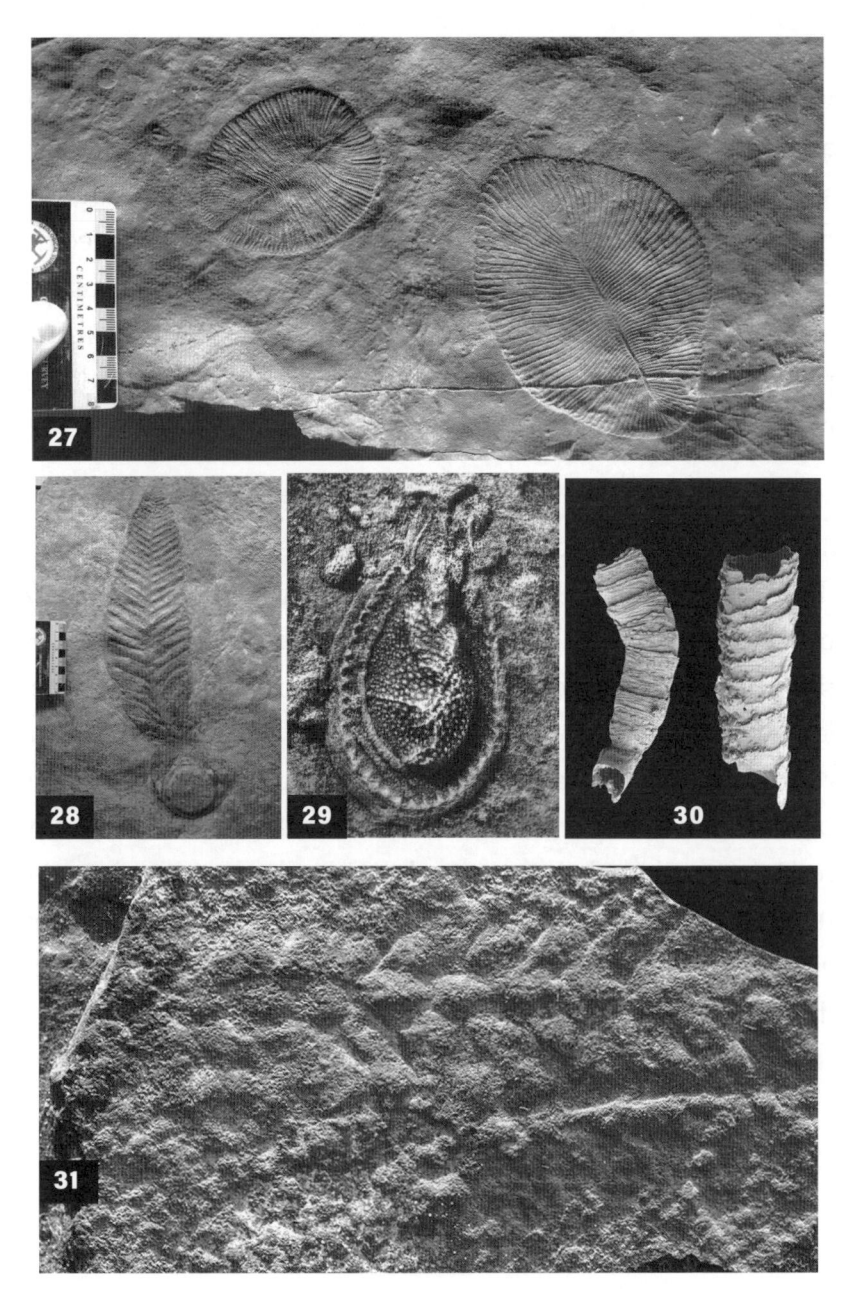

FIGURAS 27-31. Fósseis e rastros de animais em rochas ediacaranas, incluindo *Dickinsonia* (**Figura 27**), *Arborea* (**Figura 28**),

o mais antigo esqueleto animal mineralizado (**Figura 29**), *Kimberella* (**Figura 30**) e rastros deixados por um animal bilateriano primitivo com membros (**Figura 31**). *Figura 27, cortesia de Alex Liu, University of Cambridge; Figura 28, cortesia de Frankie Dunn, University of Oxford; Figuras 29 e 31, cortesia de Shuhai Xiao, Virginia Tech; Figura 30, cortesia de Mikhail Fedonkin, Geological Institute, Russian Academy of Sciences*

À medida que os animais ocupavam os oceanos ediacaranos, o mundo em volta também se modificava, estabelecendo as bases para nossa biosfera moderna. Já observamos que durante a maior parte do Éon Proterozoico, os níveis de O_2 na atmosfera e na superfície dos oceanos eram baixos, talvez cerca de 1% do atual. Ambientes comparativamente pobres em oxigênio persistem hoje em alguns trechos do oceano; eles abrigam animais, mas principalmente espécies minúsculas (até algumas centenas de mícrons de comprimento e algumas dezenas de mícrons de largura), das quais provavelmente não haverá registro fóssil. Animais grandes, diversos e energéticos — incluindo carnívoros, prestes a ocupar o protagonismo em nossa narrativa — ocorrem apenas em locais nos quais o nível de oxigênio é mais alto. Fósseis de animais macroscópicos então sugerem que ao longo do Período Ediacarano, nosso planeta passou por uma profunda (literalmente!) mudança ambiental do mar, e milhares de análises químicas realizadas por dezenas de laboratórios fornecem evidências independentes de que, naquela ocasião, a Terra começou sua prolongada transição para o planeta rico em oxigênio que habitamos hoje.

Conforme os animais cresciam e o oxigênio se tornava abundante, mudanças também aconteciam na biota fotossintetizante da Terra. Fósseis e lipídios preservados indicam que, transcorridos mais de 3 bilhões de anos de fotossíntese majoritariamente bacteriana, as algas ganharam supremacia ecológica nos oceanos. Como explicar essa transição coordenada em animais, algas e ar? Há razões para crer que, impelidos pela construção de montanhas em grande escala durante o Ediacarano, mais nutrientes se tornaram disponíveis nos oceanos. No mar atual, as cianobactérias permanecem sendo membros importantes do plâncton onde há escassez de nutrientes, mas as algas eucarióticas tendem a dominar onde os níveis de nutrientes são mais altos. O padrão que vemos hoje no meio ambiente sugere o que ocorreu durante o Período Ediacarano. Mais nutrientes, mais fotossíntese como resultado da diversificação das algas. Mais fotossíntese, mais comida e oxigênio e — decorridos mais de 3 bilhões de anos após o início da vida — um mundo capaz de sustentar animais grandes e energéticos.

SE O GELO DELIMITOU a base do Período Ediacarano, é a evolução que delimita seu topo. Para obter evidências disso, precisamos viajar cerca de 4.500 quilômetros a oeste de Newfoundland, até a pequena cidade de Field, Columbia Britânica, a oeste do tesouro paisagístico do Canadá, o Lago Louise. No vale, ao longe, vê-se uma montanha bem alta, em cuja encosta há lajes de folhelho preto provenientes de uma pequena pedreira. Com frequência, o trabalho dos paleontologistas é recompensado por incrustações brilhantes de animais (e algumas algas), preservadas em notáveis detalhes anatômicos nas superfícies das lajes. As rochas, conhecidas como Folhelho Burgess, foram depositadas de 505 a 510 milhões de anos atrás, quando a lama, agitada por tempestades e empurrada por terremotos, deslizou por uma ladeira íngreme e se acumulou no fundo de um mar relativamente extenso. Com isso, uma miríade de organismos ficou soterrada e livre da decomposição causada por micróbios vorazes. Em consequência disso, vemos não só os esqueletos mineralizados que constituem os depósitos fósseis convencionais, mas também carapaças, membros, guelras, tratos digestivos e até gânglios nervosos não mineralizados, colocados em ordem como se fossem imagens em um antigo livro de anatomia.

E que organismos eles eram! (Figuras 32 a 34.) O Período Cambriano (541 a 485 milhões de anos atrás) é famoso por ser o intervalo de tempo em que vemos pela primeira vez abundantes fósseis de animais de aparência familiar. No registro convencional de animais cambrianos, formado por conchas mineralizadas e outros esqueletos, há a predominância de artrópodes extintos chamados trilobitas. Essas criaturas segmentadas e equipadas com vários membros representam cerca de 75% de todas as espécies fósseis descobertas em rochas do Cambriano. Em Burgess, há também uma profusão de fósseis de trilobitas (Figura 32), contudo, os artrópodes como um todo compreendem apenas 1/3 da diversidade de espécies de Burgess, e a maioria desses artrópodes ancestrais não são trilobitas, mas sim formas maravilhosamente estranhas nas quais não houve precipitação de minerais em seus exoesqueletos e, portanto, não são preserváveis na maioria das condições. Esponjas são comuns, e olhos biológicos treinados conseguem identificar representantes de vários filos bilaterianos, entre eles moluscos (caracóis, mariscos, lulas), vermes poliquetas e priapulídeos, e até mesmo primos próximos de nosso próprio grupo, o dos animais vertebrados. Outras formações da China, Groenlândia e Austrália expandem essa extraordinária janela em nosso passado biológico, alcançando ao menos 520 milhões de anos atrás.

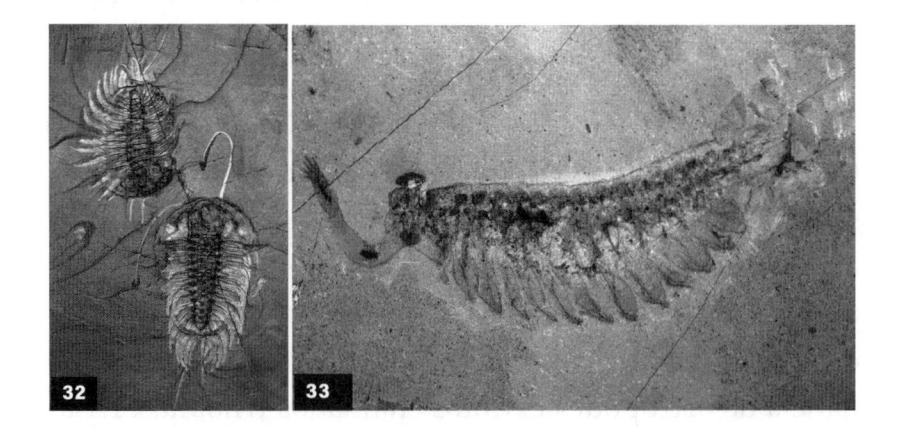

TERRA ANIMAL

FIGURAS 32-34. Fósseis cambrianos do Folhelho Burgess. Trilobitas, mostrando membros e antenas primorosamente preservados (**Figura 32**); *Opabinia*, um parente extinto dos artrópodes (**Figura 33**); e um verme poliqueta com cerdas notáveis (**Figura 34**). *Copyright Smithsonian Institution — National Museum of Natural History. Fotografias por Jean-Bernard Caron*

As assembleias fossilíferas ediacarana e cambriana são visivelmente diferentes, mas cabe perguntar: será que as diferenças biológicas observadas refletem vieses de preservação e ambiente, em vez de evolução? Bem, podemos descartar essa possibilidade. Em primeiro lugar, em folhelhos com cerca de 550 milhões de anos da China, a preservação ao estilo de Burgess registra diversos organismos macroscópicos ediacaranos. Existem muitas algas marinhas e alguns possíveis animais, mas nenhum vestígio dos artrópodes, moluscos e outros bilaterias complexos que ainda estão por vir. Pistas fósseis contam uma história semelhante. Animais que se movem deixam um cartão de visita na forma de rastros, trilhas e tocas que refletem tanto sua anatomia quanto seu comportamento. Uma diversidade limitada de rastros simples pode ser encontrada em rochas do Ediacarano tardio, porém, novamente: similar às trilhas e tocas complexas que marcam arenitos e folhelhos cambrianos. E embora esqueletos mineralizados ocorram nas rochas do Ediacarano tardio, suas morfologias simples e sua diversidade limitada empalidecem diante do rico registro de esqueletos do Cambriano.

Claramente, então, as diferenças biológicas entre as biotas de Mistaken Point e Burgess refletem um intervalo de extraordinária diversificação animal, ao qual se costuma chamar de Explosão Cambriana. Não há dúvida de que os fósseis cambrianos documentam o surgimento de uma nova biosfera, que é, simultaneamente, o auge e um crucial afastamento dos 3 bilhões de anos de evolução anteriores.

Ao observarmos cuidadosamente os fósseis cambrianos, começamos a perceber diferenças e semelhanças em relação aos animais atuais. Em seu best-seller *A Vida é Bela*, o falecido Stephen Jay Gould concentrou-se nas diferenças, qualificando os animais de Burgess como "estranhas maravilhas" que registram organizações corporais extintas. Seu exemplo favorito era a *Opabinia*, uma pequena criatura de cerca de 4 cm a 7 cm de comprimento, com cinco olhos e uma probóscide longa e flexível que termina em uma garra (Figura 33). Esquisito? Com certeza. Mas alienígena? Provavelmente não. A despeito de seus detalhes curiosos, a *Opabinia* tinha um corpo segmentado com um exoesqueleto orgânico resistente, similar ao dos artrópodes. Outros fósseis em rochas cambrianas também mostram combinações do estranho e do familiar e, quando os dispomos juntos, indicam como se deu a organização do corpo que reconhecemos como artrópodes. Em termos de fósseis cambrianos, os artrópodes vivos podem ser considerados os sobreviventes (muito bem-sucedidos!) de uma linhagem cambriana mais ampla. E o que é verdade para os artrópodes também vale para outros filos. Fósseis cambrianos são como fotos instantâneas de corpos de animais cuja formatação estava em pleno andamento.

O Período Cambriano, então, se destaca como de transição. O grande salto evolutivo do Período Ediacarano continuou e, de fato, se acelerou no decorrer do Período Cambriano, mas não nos legou uma biosfera totalmente moderna. Os fósseis documentam diversas organizações corporais de animais *in statu nascendi,* mas com poucas espécies e não muitas formas totalmente atuais. Vários grupos de animais desenvolveram esqueletos enrijecidos por minerais, blindando seus corpos contra carnívoros, que se diversificavam rapidamente; mas os calcários cambrianos ainda se formavam principalmente por precipitação de carbonato de cálcio facilitada por meios físicos ou microbianos. (Hoje, os esqueletos são responsáveis pela maior parte da deposição de calcário nos oceanos.) A maior parte dos recifes que pontilhavam o fundo do mar raso foi construída por micróbios, embora os fósseis demonstrem que os animais proliferaram dentro e ao redor dessas estruturas. As algas marinhas eram relativamente comuns, no entanto, assim como suas contrapartes animais, os fósseis de algas apresentavam limitada diversidade. O oxigênio no ar e nos oceanos era mais rico do que anteriormente, mas ainda não chegava à metade dos níveis de hoje em dia, e nas águas profundas do oceano, o oxigênio era ausente. Várias linhas de evidência nos dizem que os climas no Cambriano eram mais quentes do que os atuais, uma verdadeira estufa após o prolongado clima gelado da Terra Bola de Neve. Nadando em um oceano cambriano, você ficaria boquiaberto com os muitos animais subaquáticos indo e vindo com a intenção de capturar a presa ou evitar ser capturado. Ao mesmo tempo, todavia, você ficaria perplexo com a ampla mistura de animais comuns e extraordinários, tanto entre espécies quanto entre indivíduos de mesma espécie. Isso me faz lembrar dos baixos-relevos nos antigos templos egípcios: é tentador interpretá-los com olhos modernos, mas provavelmente não é sensato.

ANOS ATRÁS, vivi uma experiência esclarecedora ao percorrer uma espessa seção estratigráfica de calcários que registram a vida e os ambientes durante o Período Ordoviciano (444 a 485 milhões de anos atrás), que sucedeu o Cambriano. Lá, as rochas próximas à base da sequência se parecem muito com as do Cambriano logo abaixo: relativamente poucos fósseis e diversidade limitada da maioria dos grupos, com exceção dos trilobitas. Mas, enquanto eu subia, acompanhando o registro do Ordoviciano, as rochas começaram a mudar lentamente. Ainda havia muitos trilobitas, mas agora outros fósseis esqueléticos também eram abundantes.

Para ter uma rápida noção desse mundo que surgia, dê um passeio pelas estradas rurais ao redor de Richmond, Indiana, uma pequena cidade a noroeste de Cincinnati [Ohio, centro-nordeste dos Estados Unidos], mais conhecida como a casa do Earlham College. Cortes de estrada feitos por escavadeiras expõem calcários e folhelhos do Ordoviciano tardio (com cerca de 445 a 450 milhões de anos) lotados de fósseis. Esses fósseis já não têm mais um aspecto alienígena; são reconhecidamente os restos esqueléticos de mariscos, caramujos, cefalópodes (o grupo ao qual pertencem as lulas e os polvos), corais, briozoários (animais-musgo), braquiópodes e lírios-do-mar. Localmente, esses esqueletos construíram edifícios verticais a partir do fundo do mar, formando recifes isolados similares àqueles em que se pode ver ao mergulhar ao longo das Florida Keys ou nas Bahamas. Rochas dessa idade não apresentam novas organizações corporais em nível de filo, mas a diversidade de espécies aumentou drasticamente — em quase dez vezes, segundo algumas estimativas. E, pela primeira vez, esqueletos surgem como componentes principais de calcários formados no fundo do mar raso.

As explicações para esse terceiro estágio de diversificação dos animais marinhos são muitas e variadas. Alguns geólogos apontam evidências químicas do resfriamento dos oceanos, o que potencialmente melhoraria as oportunidades ecológicas para os animais. Outros argumentam que houve aumento nos níveis de oxigênio, proporcionando outro estímulo físico à diversificação animal. Já outros, ainda, sugerem que fatores ecológicos, como o aumento da pressão exercida pela predação, estimula a diversificação de animais e algas com esqueletos fortes e bem constituídos.

Todas essas explicações podem ser verdadeiras, mas se observadas individualmente, falta completude em cada uma delas. Lembrando: os processos físicos e biológicos em curso na biosfera não atuavam de forma independente um do outro. A evidência de resfriamento global é robusta, talvez promovida pelo soerguimento de montanhas cujo intemperismo acelerou a remoção de CO_2 da atmosfera. As águas frias podem acomodar mais oxigênio dissolvido do que as quentes, e assim o resfriamento do Ordoviciano resultaria em maior disponibilidade de O_2 para os animais nos oceanos rasos, ainda que a atmosfera permanecesse inalterada. E os animais carnívoros geralmente precisam de mais oxigênio do que outros tipos de animais, dado que sua ação predatória requer muita energia.

Seja qual for a interpretação correta, os oceanos do Ordoviciano tardio estavam abarrotados de animais. Corais extintos, briozoários maciços (diferentes de todos os vistos hoje) e esponjas fortemente mineralizadas formaram recifes, que serviam de abrigo e alimento para diversos animais predadores ou detritívoros, incluindo parentes cônicos das lulas — alguns com até 3,5 m de comprimento — e peixes, reconhecíveis por suas barbatanas e caudas, mas sem mandíbulas. O resfriamento global culminou em uma breve, mas substancial era glacial, documentada por rochas glaciogênicas nos atuais continentes do Hemisfério Sul. E algo mais aconteceu. Quando a geleira colapsou, por volta de 70% de todas as espécies animais conhecidas haviam desaparecido.

© 1xpert/adobe.stock.com

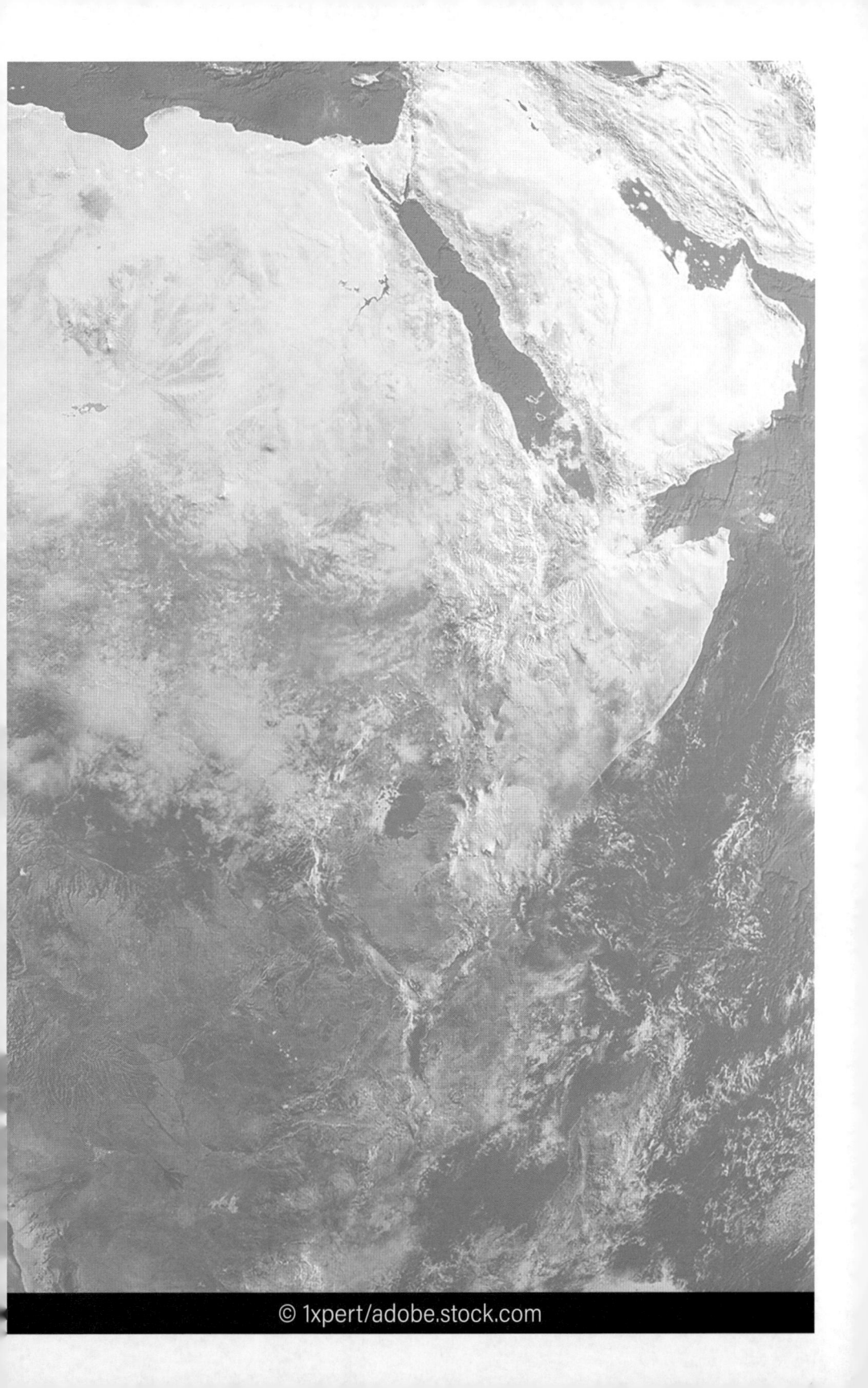

⑥
Terra **Verde**

PLANTAS E ANIMAIS: OS COLONIZADORES

Todd Marshall

TERRA VERDE

EM 1991, EMBARQUEI EM UM VELHO JATO DA Aeroflot em Moscou, com destino a Yakutsk, uma cidade siberiana 4.900 km a leste. O voo levou oito horas, e na maior parte do tempo fiquei espiando pela janela, vendo um pouco abaixo além de uma extensão aparentemente interminável de floresta, interrompida apenas pelos fios prateados dos rios que serpenteavam em direção ao Oceano Ártico. Durante o Período Cambriano, enquanto os trilobitas celebravam sua juventude evolutiva, a paisagem em um voo semelhante seria constituída principalmente de rochas nuas, aqui e ali tingidas por lodo microbiano. O verde das paisagens siberianas, então, reflete outra revolução biológica: a colonização da terra por organismos multicelulares complexos.

É bem provável que os micróbios tenham criado raízes na terra no início da história planetária, mas foram as plantas que mudaram o mundo ao fornecer alimento e estrutura física para os complexos ecossistemas terrestres. Hoje, cerca de 400 mil espécies de plantas terrestres respondem por metade da fotossíntese da Terra e cerca de 80% da biomassa total do nosso planeta. De fato, o manto verde resplandecente da Terra é uma característica tão generalizada do nosso planeta que pode ser detectada do espaço. Em 1990, quando a sonda espacial Galileo, da NASA, voou em direção a Júpiter, voltou seus olhos mecânicos para a Terra distante, revelando na luz refletida do nosso mundo um pico distinto no espectro do infravermelho próximo — o chamado Vegetation Red Edge. Trata-se de uma assinatura da vegetação terrestre, que surge porque esta absorve substancialmente a radiação visível recebida, mas reflete de volta para o espaço os comprimentos de onda infravermelhos. Os visitantes da Terra primitiva não teriam observado tal característica.

Os animais, embora nascidos em antigos oceanos, são hoje mais diversos em terra firme — as espécies de insetos, sozinhas, são muito mais numerosas que todas as espécies animais marinhas. Uma extensa e, em grande parte, não documentada diversidade de fungos permeia os solos, e uma infinidade de protistas [animais unicelulares] e bactérias fazem o ciclo do carbono, nitrogênio, enxofre e outros elementos em terra, tal como fazem há muito na água.

Claramente, nosso mundo familiar de campos e florestas, gafanhotos e coelhos reflete uma notável transformação de continentes e ilhas, ocorrida apenas nos 10% mais recentes da história da Terra. Como nosso planeta se cobriu de verde e quais as consequências disso para ele próprio?

EM 1912, WILLIAM MACKIE, que tinha formação médica, passou pela vila de Rhynie, na Escócia, enquanto pesquisava a geologia da região. Rhynie, a quase 50 km a noroeste de Aberdeen, situa-se entre campos ondulados, com poucos afloramentos rochosos capazes de atrair o geólogo. Mas quando Mackie notou algumas pedras incomuns nas paredes que delimitavam os campos locais, parou para olhar mais de perto. As rochas eram feitas de *chert* (SiO_2), e mesmo um exame superficial revelou que continham o que pareciam ser caules fósseis, alguns preservados em posição de crescimento. Mackie havia descoberto o Rhynie Chert, o equivalente da paleobotânica ao Folhelho Burgess. Depositado há 407 milhões de anos em, e ao redor de, fontes termais semelhantes às encontradas hoje em Yellowstone ou na Ilha Norte da Nova Zelândia, Rhynie fornece um vislumbre extraordinariamente nítido dos ecossistemas terrestres na adolescência evolutiva.

Como veremos, as plantas, embora sejam de direito as protagonistas do espetáculo de Rhynie, compartilham o palco com inúmeros outros tipos de organismos. Diversas características da biologia celular e molecular evidenciam que as plantas terrestres evoluíram de algas verdes que viviam em água doce. Mas a jornada evolutiva de rios e lagoas para terra firme envolveu desafios reais, entre os quais a necessidade de evitar o ressecamento, suporte mecânico e obtenção de recursos. Em meio a um ambiente aquático, os organismos fotossintetizantes não correm o risco de secar, mas em terra, a água evapora constantemente das células — coloque aquelas algas de água doce em terra firme e elas rapidamente murcharão e morrerão. A vida fotossintética em terra, portanto, exigia um modo de retardar a evaporação dos tecidos vivos. As algas aquáticas não precisam de tecidos especiais para ficar em posição vertical no fundo de um lago ou rio porque a própria água é o elemento de sustentação de seus corpos. Em terra, porém, o ar não pode suportar tecidos eretos, então as plantas precisam encontrar soluções para isso. E em lagos e rios, os nutrientes são absorvidos da água ao redor, ao passo que em terra eles devem ser extraídos do solo e levados para locais de crescimento celular. Felizmente para os paleontólogos, as adaptações desenvolvidas pelas plantas para a vida na terra são em grande parte anatômicas: você pode vê-las em plantas vivas e elas se preservam bem em fósseis.

Rhynia, uma icônica planta primitiva que cobria grande parte da paisagem de Rhynie, consistia principalmente de eixos fotossintetizantes expostos, estruturas do tamanho de um lápis que cresciam ao longo do chão, muito semelhantes aos caules horizontais de morangos, e galhos verticais, ocasionalmente produzidos, que atingiam até 20 centímetros de altura (Figura 35). Os eixos preservam um fino revestimento externo de ceras e ácidos graxos chamado cutícula. Nas plantas vivas, a cutícula, eficaz ao impedir que o vapor de água nas células escape para a atmosfera, tem um desempenho igualmente bom ao evitar que o dióxido de carbono se espalhe pela planta para a fotossíntese. E assim, como as plantas vivas, *Rhynia* apresenta uma solução elegante para o problema de equilibrar o ganho de CO_2 em contrapartida à perda de água. Em sua superfície, há numerosos e minúsculos orifícios, chamados estômatos, cercados por células que se expandem para selar a abertura quando a planta enfrenta escassez de água, e depois se contraem para deixar os orifícios livres quando for seguro fazê-lo, permitindo ao dióxido de carbono penetrar na planta. Cutícula com estômatos, portanto, é uma condição indispensável das plantas terrestres, preservada à vista de todos nos fósseis de Rhynie.

A fotossíntese em terra inevitavelmente tem como consequência a perda de água, assim, as plantas precisam de um mecanismo para absorver a água do ambiente e fazê-la circular dentro delas. Nos ecossistemas terrestres, a água e nutrientes como nitrogênio e fósforo estão principalmente no solo. As plantas vivas desenvolvem raízes que crescem e se subdividem em parte mais finas, semelhantes a dedos, e que se espalham pelo substrato, absorvendo água e nutrientes. Na verdade, para a maioria das plantas, grande parte da tarefa de absorção de nutrientes é delegada a fungos que vivem em estreita associação com as raízes. As plantas Rhynie não tinham raízes bem desenvolvidas e contavam, em vez disso, com filamentos finos chamados rizoides para fixá-los ao solo e absorver água. Mas os fósseis mostram que, há mais de 400 milhões de anos, as plantas terrestres já viviam em estreita associação com os fungos, permutando alimentos por nutrientes. Caso não houvesse ocorrido essa parceria, a revolução verde da Terra poderia nunca ter ocorrido.

Por fim, as plantas precisam transportar água e nutrientes do solo para cima e fazer os alimentos gerados pela fotossíntese percorrerem todo seu corpo, algo executado por tecidos especializados chamados sistema vascular. Ao mesmo tempo, as células condutoras de água têm paredes grossas que proporcionam resistência mecânica ao eixo da planta. Cortes anatômicos de *Rhynia* mostram um fino cilindro de tecido vascular que corria para cima através do centro do eixo da planta (Figura 36).

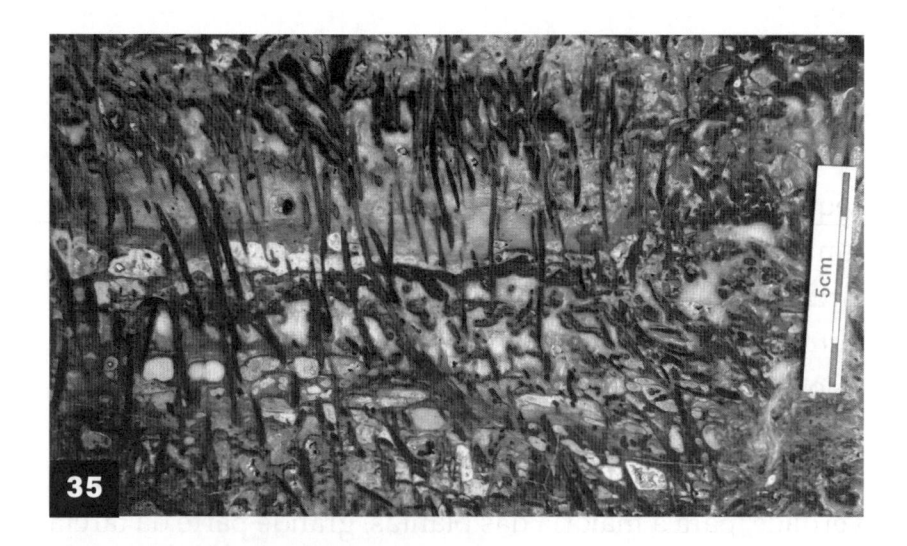

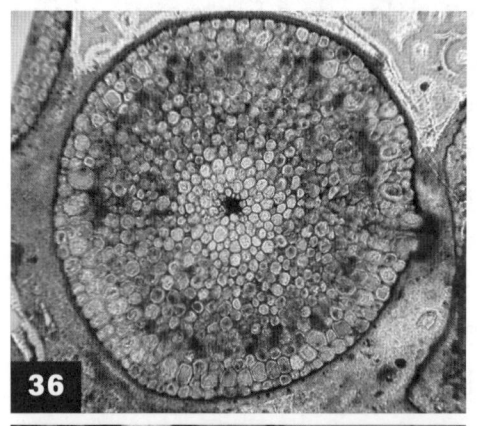

FIGURAS 35-37. O Rhynie Chert, 407 milhões de anos atrás, na Escócia. As rochas de Rhynie proporcionam um de nossos primeiros vislumbres de ecossistemas terrestres, incluindo plantas simples (**Figura 35**, corte transversal anatomicamente preservado na **Figura 36**), animais, fungos (**Figura 37**, as setas apontam para fungos vivendo nos tecidos das plantas Rhynie), algas, protozoários e bactérias, todos vivendo em terra ou em poças rasas. *Figura 35, cortesia de Alex Brasier, University of Aberdeen; Figura 36, cortesia de Hans Steur; Figura 37, cortesia de Paleobotany Group, University of Münster*

Eixos de *Rhynia eretos* geralmente terminam em um compartimento alongado que contém esporos para reprodução. Na água, os esporos podem nadar de um lugar para outro, o que faz a dispersão ser uma questão relativamente simples. Em terra, contudo, o vento soprou os esporos de *Rhynia* pela paisagem, expondo-os ao ressecamento. Tal como os esporos de samambaias ou grãos de pólen modernos, os esporos de *Rhynia* eram revestidos por um polímero complexo chamado esporopolenina, que inibe a perda de água ao mesmo tempo em que serve de "óculos de sol", protegendo contra os raios ultravioleta. Na anatomia geral, então, *Rhynia* e outras plantas em Rhynie tinham semelhança com plantas vivas, mas a partir daí, tudo fica mais interessante, pois elas não tinham folhas, raízes grandes, madeira ou sementes. Em resumo, assim como Burgess faz em relação aos animais, o Rhynie Chert preserva os pioneiros fotossintetizantes capturados no ato de se tornarem plantas.

Mais de uma dúzia de espécies de animais também foram descobertas em Rhynie, todos artrópodes, com exceção de uma ocorrência notável de nemátodos, minúsculos vermes cilíndricos presentes simultaneamente entre os animais mais numerosos da Terra e seus fósseis mais raros. Da mesma forma que as primeiras plantas, os colonos animais precisaram impedir o ressecamento e sustentar seu peso em terra firme. Um revestimento ceroso nos exoesqueletos orgânicos dos artrópodes conservava a água, enquanto suas pernas musculosas e articuladas, originalmente desenvolvidas no mar, proporcionavam um meio firme de locomoção e de suporte estrutural em terra. Outro desafio foi o oxigênio, já que as guelras, eficientes na água, não são muito úteis no ar. Muitos escorpiões e aranhas respiram por intermédio de pulmões foliáceos, tecidos intrincadamente dobrados que maximizam a superfície de contato com o ar, possibilitando ao oxigênio difundir-se da atmosfera em fluidos semelhantes ao sangue que transportam O_2 por todo o corpo. Pulmões foliáceos parecem ter sido derivados das guelras de ancestrais aquáticos.

As rochas de Rhynie também contêm os insetos mais antigos conhecidos, o pontapé inicial de uma ação expansionista que viria a dominar o reino animal em termos de diversidade. Elas também preservam diversos fungos, tanto os que se alimentavam de plantas mortas quanto os que sustentavam as vivas (Figura 37). E há oomicetos, microrganismos semelhantes a fungos, mais conhecidos como causadores da praga da batata na Irlanda do século XIX; amebas, que construíram testas [invólucros protetores extracelulares] orgânicas em forma de vaso ao redor de suas células; algas verdes e cianobactérias. Em resumo, os fósseis de Rhynie mostram que há 400 milhões de anos os ecossistemas terrestres já haviam estabelecido os rudimentos de sua estrutura e diversidade ecológica da atualidade. Fragmentos de fósseis mais antigos revelam que os primeiros precursores de plantas terrestres instituíram uma base terrestre cerca de 50 milhões de anos antes de Rhynie, e avançando no tempo, em mais de 50 milhões de anos após nosso marco escocês, houve uma extraordinária explosão evolucionária das plantas, envolvendo folhas, raízes, madeira e sementes, todas, exceto a última, em várias linhagens distintas.

Os vertebrados, nossos próprios ancestrais, chegaram relativamente tarde à festa. Os vertebrados terrestres, os tetrápodes — assim chamados porque têm quatro membros —, são claramente descendentes de peixes cuja diversificação se deu pela primeira vez como parte da explosão cambriana nos oceanos. De fato, a biologia comparativa e as análises de sequência molecular mostram que os vertebrados tetrápodes são parentes próximos de um grupo específico chamado de peixes de barbatanas lobadas. A maioria dos peixes ósseos, do atum à truta, tem barbatanas sustentadas por ossos longos e finos que se abrem em leque a partir de um conjunto de pequenos ossos presos ao corpo. Já os peixes com barbatanas lobadas têm pares de barbatanas carnudas, presas ao corpo por um único osso, com outros ossos formando uma estrutura não muito diferente dos ossos dos membros dos tetrápodes. Os celacantos são os peixes com barbatanas lobadas mais famosos, embora não sejam os parentes mais próximos dos vertebrados terrestres. Esses peixes distintos eram conhecidos há muito tempo como fósseis, mas apenas em rochas com mais de 66 milhões de anos, quando se pensava estarem extintos. Em 1938, entretanto, um celacanto vivo foi apanhado pela rede de um pescador na costa da África do Sul, desautorizando as conclusões sobre sua extinção prematura. Uma segunda espécie foi descoberta mais tarde em águas próximas a Sulawesi, na Indonésia. É inquestionável que os celacantos têm a estrutura lobada que os marca como parentes dos vertebrados, mas é igualmente inquestionável que eles são peixes, vivendo suas vidas na água.

Parentes tetrápodes mais próximos são os dipnoicos, meia dúzia de espécies de peixes de água doce que não apenas têm barbatanas lobadas, mas também podem respirar usando pulmões primitivos que têm uma relação evolutiva com bexigas natatórias, órgãos bulbosos dos peixes que são amplamente utilizados para manter a flutuabilidade, mas que também fornecem oxigênio ao coração. Embora ainda sejam reconhecidamente peixes, os dipnoicos — ou peixes pulmonados — apresentam adaptações claras para a vida na terra firme; apenas uma espécie retém a habilidade de respirar usando apenas as guelras. A lacuna morfológica entre peixes e tetrápodes, todavia, permanece grande. Assim como as plantas, os vertebrados precisaram de transformação evolutiva para colonizar a terra. Eles necessitavam não somente de pulmões para obter oxigênio do ar, mas também de reorganizar estruturalmente seus crânios, caixas torácicas e membros para comer, respirar e se mover em ambientes terrestres.

Os peixes capturam alimentos em grande parte sugando-os pela boca e obtêm oxigênio engolindo água e forçando-a através de suas guelras. Em virtude disso, o crânio dos peixes é uma estrutura complexa, mas flexível. Em terra, os vertebrados conseguem alimento mordendo e obtêm oxigênio respirando o ar. Com isso, a anatomia craniana foi adaptada, formando uma estrutura mais forte e rígida, que facilita tais necessidades. Essas mudanças também adaptaram o palato para produzir som, com consequências comportamentais em longo prazo. A adaptação respiratória também pode ser percebida na evolução da caixa torácica, ossos longos que se estendem da coluna vertebral, sustentando os músculos necessários para expandir e contrair os pulmões. Além disso, nos peixes, os ossos constituintes da cintura escapular são contínuos com o crânio, resultando em um formato do corpo que facilita o movimento na água. A propulsão é proporcionada em grande parte pelos músculos ao longo do corpo e da cauda. Nos vertebrados terrestres, tanto o suporte estrutural quanto a locomoção requeriam membros musculosos ligados às avantajadas cinturas pélvica e escapular (agora distintas do crânio, separadas por um pescoço verdadeiro) que ancoram os músculos.

É notável como uma série de fósseis depositados entre cerca de 360 a 380 milhões de anos atrás preserva um registro convincente dessa transição. Os céticos da evolução às vezes alegam que os fósseis não preservam intermediários evolutivos, mas eles não conhecem o *Tiktaalik* (Figura 38). Descoberto em rochas com cerca de 375 milhões de anos no Canadá ártico, o *Tiktaalik* tem a organização *geral* do corpo de um peixe com barbatanas lobadas, com guelras e coberto de escamas, mas cujo crânio era achatado, lembrando um crocodilo. Suas barbatanas seguiam o modelo de barbatana lobada, mas com modificações ósseas que fazem pensar em um cotovelo e um pulso. A cintura escapular, separada do crânio por um pescoço, parece ter sustentado os músculos necessários para locomoção e suporte corporal. Características do crânio também sugerem que, como os peixes pulmonados modernos, o *Tiktaalik* poderia respirar por meio de pulmões.

Como classificar o *Tiktaalik*, um peixe ou um tetrápode? Não é uma resposta fácil, e essa é a questão. Esse fóssil extraordinário, e outros como ele, documentam a transição da água para a terra, com diferentes características evoluindo em diferentes escalas de tempo. Embora ainda seja um animal aquático, o *Tiktaalik* provavelmente era capaz de se movimentar e se sustentar em águas rasas e, talvez, sair delas em direção à terra firme utilizando suas barbatanas semelhantes a membros. Ademais, podia tragar o ar e usar as mandíbulas para capturar presas. As trilhas fósseis preservadas nas superfícies de camadas sedimentares são evidências independentes de que, no final do período Devoniano, os vertebrados começaram a colonizar a terra seca.

QUANDO A DIVERSIFICAÇÃO CAMBRIANA da vida marinha teve início, os continentes da Terra estavam envolvidos na diáspora global, uma vez que a ressurgência de material mantélico fraturou um supercontinente do Proterozoico tardio, dispersando seus pedaços. Contudo, dada a esfericidade da superfície da Terra, o que vai deve voltar, e, assim, na época de Rhynie, os continentes começaram a se amalgamar novamente para formar um único supercontinente chamado Pangeia. Massas de terra colidiram ao longo de milhões de anos, erguendo montanhas que, hoje, são preservadas como elevações suaves, suas rochas falhadas e dobradas visíveis em pedreiras e em cortes de estradas. A reunião da Pangeia foi completada cerca de 300 milhões de anos atrás, mas a dança perpétua dos continentes, embalada pela contínua convecção do manto, o partiria em pedaços novamente há 175 milhões de anos (veja o Capítulo 2).

TERRA VERDE

FIGURA 38. *Tiktaalik*, um fóssil de 375 milhões de anos (reconstruído à esquerda) que exibe características intermediárias entre as de peixes e as de animais vertebrados terrestres. *Cortesia de Neil Shubin, University of Chicago*

De que maneira a conquista da terra pela vida afetou o planeta? O solo é um produto dessa colonização. É comum pensarmos nos solos, se é que pensamos neles, como a superfície fisicamente alterada do planeta. Mas os solos, talvez o maior recurso da Terra para os humanos, refletem, novamente, as *interações* entre processos físicos e biológicos, devendo sua origem tanto a raízes, fungos, restos de plantas enterrados e minhocas quanto ao intemperismo químico. Na realidade, o principal componente físico da formação do solo — o intemperismo químico — é, ele próprio, intensificado pelas raízes que liberam ácidos orgânicos conforme vão penetrando em subsuperfície. Assim, à medida que os ecossistemas terrestres se desenvolviam, os solos férteis os acompanhavam.

Cutícula, lignina, esporopolenina e outras biomoléculas sintetizadas pelas plantas são resistentes à decomposição bacteriana, o que facilita o soterramento e a preservação em sedimentos. Essa nova ruga no ciclo do carbono deveria ter ocasionado duas consequências distintas. Mais soterramentos de matéria orgânica gerada fotossinteticamente deveriam ter elevado a transferência de carbono do CO_2 na atmosfera para moléculas orgânicas em sedimentos, resfriando o clima da Terra. E como o carbono orgânico enterrado é carbono orgânico não respirado usando oxigênio, o maior volume de soterramento de matéria orgânica deveria ter aumentado os níveis de O_2 na atmosfera. Quatro linhas distintas de evidências químicas, consistentes com essas previsões, sugerem que, na escala de tempo da evolução inicial das plantas terrestres, o oxigênio atmosférico por fim chegou aos níveis modernos, espalhando O_2 também nas profundezas do oceano. E, começando próximo ao término do Período Devoniano e avançando rapidamente durante o seguinte, Carbonífero, os mantos de gelo continentais se estenderam novamente pelos continentes do sul, suas assinaturas sedimentares preservadas no sul da África, América do Sul, Índia, Austrália e Antártida, todas fazendo parte de uma única massa de terra do Paleozoico tardio.

À proporção que o gelo coroava os polos, os pântanos se alastravam pelas planícies equatoriais, que na época incluíam a América do Norte, Europa e partes da China. Parcela importante do carvão que sustentou a Revolução

Industrial (e impulsiona o aquecimento global) foi formada a partir de restos de plantas enterrados nessas antigas zonas úmidas. Biologicamente, era um tempo de gigantes — ainda não dinossauros, mas libélulas com envergadura de até 70 centímetros e milípedes de 2 metros de comprimento. Entre as cavalinhas, um grupo de plantas hoje representadas por apenas 15 espécies de baixa estatura em sua maioria, havia árvores com mais de 10 metros de altura. E os musgos, limitados principalmente à pequena cobertura do solo em paisagens modernas, elevavam-se a 30 metros do chão em zonas úmidas tropicais do Carbonífero. O carvão de West Virginia, Kentucky e Illinois é em grande parte o resultado da compressão dos restos desses gigantes extintos. Samambaias e plantas com sementes também se diversificaram, especialmente em grupos já extintos, mas incluindo, entre outros, os ancestrais das coníferas atuais. As zonas úmidas, no entanto, não persistiriam. As montanhas que surgiram durante as colisões continentais do final do Paleozoico modificaram os padrões de circulação atmosférica e oceânica, drenando as zonas úmidas e condenando à extinção as diferentes espécies sustentadas ali. Entre plantas e tetrápodes, novos ecossistemas tomavam forma, aqueles nos quais habitariam o mais icônico de todos os organismos extintos, os dinossauros.

ANOS ATRÁS, quando finalmente obtive a qualificação por distinção [titulação acadêmica], participei de uma conferência para jovens cientistas. Entre os colegas que conheci, estava Maria Zuber, na ocasião uma cientista planetária em ascensão e hoje uma renomada especialista na Lua e em planetas distantes. Encerrado o primeiro dia, Maria ligou para seu filho pequeno e lhe contou que passara a maior parte do dia conversando com paleontólogos. Animado, ele perguntou quem ela havia conhecido. "Ah, algumas pessoas", Maria respondeu. "Andy Knoll, Simon Conway Morris." Nunca tinha ouvido falar deles. Ao saber que esses anônimos trabalhavam com vida primitiva, o filho de Maria respondeu com evidente simpatia. "Não se preocupe, mãe", ele consolou. "Talvez da próxima vez você conheça gente dos dinossauros."

Dinossauros. *Brachiosaurus, Triceratops, Tyrannosaurus rex*. Você sabe seus nomes, ou ao menos sabia quando tinha 8 anos. Quando observados no contexto completo da Terra e da vida, sua hegemonia foi breve: menos de 4% da história do nosso planeta. E seu impacto na própria Terra empalidece diante do causado pelas cianobactérias. Porém, no decorrer dos períodos Jurássico e Cretáceo, o domínio ecológico dos dinossauros era absoluto, e as formas pelas quais evoluíram não têm paralelo na história da vida.

Então, o que eram os dinossauros? O que caracterizou seu sucesso ecológico? E por que alguns deles alcançaram tamanho tão impressionante? Vamos começar situando os dinossauros dentro do mundo em que habitavam.

Os primeiros vertebrados terrestres eram predadores e talvez detritívoros, mas em um período de 50 milhões de anos, a diversidade de tetrápodes passou a incluir tanto carnívoros quanto herbívoros, divididos entre anfíbios e amniotas, o grupo que hoje inclui répteis, pássaros, tartarugas e mamíferos. Como descrito no próximo capítulo, a Era Paleozoica terminou em catástrofe, mas conforme os ecossistemas terrestres reviviam na Era Mesozoica (entre 66 e 252 milhões de anos atrás), vertebrados e vegetação assumiam um aspecto mais moderno. Agora, as árvores e arbustos dominantes eram coníferas, ginkgos e outras plantas com sementes, com diversas samambaias no sub-bosque. Plantas com flores, hoje dominantes na maioria dos ecossistemas terrestres, espalharam-se apenas no final da era, seus primeiros fósseis com pouco mais de 140 milhões de anos.

A diversificação dos tetrápodes no Eomesozoico também originou grupos que ainda vemos até hoje. Os primeiros verdadeiros mamíferos, tartarugas, lagartos e sapos conhecidos estão registrados em rochas do Período Triássico (201 a 252 milhões de anos atrás), juntamente com pterossauros (os primeiros vertebrados com asas), dinossauromorfos (os primeiros dinossauros verdadeiros e seus parentes próximos) e outros grupos já extintos. Em muitos cenários do Triássico, os vertebrados mais diversificados e abundantes eram répteis grandes e ágeis, alguns bípedes e outros se apoiando em quatro patas, alguns com focinhos longos e dentuços e outros com nariz achatado, alguns carnívoros e outros que se alimentavam de plantas. Dinossauros? Na verdade, não. Ainda que houvessem dinossauros nas comunidades do Triássico, eles não eram particularmente numerosos ou diversificados. A aristocracia das paisagens triássicas era composta por uma linhagem hoje representada pelos crocodilos. Os dinossauros teriam assumido a hegemonia por meio de alguma adaptação superior? Não parece ter sido assim. O mundo Triássico surgiu na esteira da catástrofe e terminou do mesmo modo. Os dinossauros ganharam protagonismo ecológico, ao menos em parte, em razão de terem sobrevivido ao estresse ambiental do Neotriássico, quem sabe tanto por sorte quanto por bons genes.

Mesmo enquanto um mundo biológico mais moderno tomava forma nos continentes, a Terra física continuava a mudar. Entre os primeiros registros da separação da Pangeia estão as Palisades, rochas vulcânicas que entraram em erupção durante a fratura inicial do supercontinente e que hoje estão expostas em penhascos baixos ao longo do rio Hudson, perto da cidade de Nova York. O Oceano Atlântico abriu-se como um zíper, do equador em direção aos polos. E enquanto as América do Norte e do Sul se moviam para o oeste, a subducção da crosta oceânica da placa do Pacífico abaixo delas dava origem às Montanhas Rochosas e aos Andes. Os continentes do sul também se separaram; África e Índia rumaram para o norte, chocando-se com a parte inferior da Eurásia, formando as grandes montanhas que se estendem dos Alpes ao Himalaia.* Ou seja, a geografia global que conhecemos hoje estava em andamento. Foi um intervalo de

---

* No Brasil, o evento da quebra dos continentes do sul se deu cerca de 100 milhões de anos após a formação das Palisades. De forma não menos dramática, rochas vulcânicas erupcionaram durante a separação do continente, formando algumas das feições de relevo mais icônicas do país, como as Cataratas do Iguaçu (PR), o Parque Nacional de Aparados da Serra (SC) e as regiões de turismo de aventura do interior paulista. (N. do T.)

clima quente, em grande parte livre do gelo, mas, novamente, à medida que as placas tectônicas redistribuíam massas de terra e elevavam montanhas, eram plantadas as sementes de uma nova era do gelo, ainda distante no futuro.

AGORA PODEMOS VOLTAR àquelas perguntas básicas sobre os dinossauros. A definição de dinossauro é bastante prosaica. Desde o início de 1800, os paleontólogos descobriram vários fósseis enormes, diferentes de qualquer tetrápode vivo hoje, e lhes deram um nome chamativo: dinossauros (do grego para "lagartos terríveis"). Hoje, o grupo é definido em termos genealógicos, ou seja, os dinossauros incluem o último ancestral comum desses gigantes encontrados pela primeira vez e seus descendentes. Felizmente, essa definição se alinha muito bem à imagem mental que se forma quando alguém menciona a palavra, mas, como veremos, isso tem uma consequência surpreendente.

Quando pensamos em dinossauros, a maioria de nós imagina criaturas gigantescas, com até mesmo os herbívoros tendo um porte um tanto quanto proibitivo. Isso não deixa de ser amplamente correto, ainda que os menores dinossauros conhecidos pesassem uns 7 kg, o tamanho de um schnauzer miniatura. Uma compilação recente a respeito do tamanho do corpo entre as espécies de vertebrados mostra que, para a maioria dos grupos, sejam eles mamíferos, aves, anfíbios ou peixes, a distribuição de tamanho inclina-se em direção a corpos menores, com uma "cauda longa" ["cauda longa" é um termo da estatística para uma distribuição de dados, que indica que existem muitos valores em um determinado intervalo que ocorrem com frequência cada vez menor à medida em que se afastam da média] estendendo-se a espécies maiores — muitos roedores, mas não muitos elefantes. Os dinossauros, entretanto, são diferentes: sua inclinação é para corpos grandes.

Então, como qualquer criança de 8 anos poderia dizer, a maioria dos dinossauros era, de fato, grande. Mas qual a razão disso? Por que essa diferença entre os dinossauros e outros tetrápodes que habitaram a Terra ao longo do tempo? Não há consenso sobre a resposta, mas o paleontólogo alemão Martin Sander e seus colegas articularam uma hipótese que me parece sólida.

Os primeiros dinossauros gigantes e, na verdade, os maiores dinossauros de todos os tempos foram os saurópodes, herbívoros de pescoço longo cujos maiores representantes, os titanossauros, chegavam a até 37 metros e pesavam entre 70 a 90 toneladas. (O magnífico espécime em exibição no Museu Americano de História Natural de Nova York é habilmente montado, de tal maneira que sua cabeça se projeta para o corredor, enfatizando seu porte imenso [Figura 39].) Sander e seus colegas chamam atenção especial para esses pescoços compridos.

Os longos pescoços dos saurópodes lhes permitiam obter alimentos fora do alcance de outros herbívoros e se alimentar em grandes áreas com o mínimo de movimento — quanto mais grandes, mais eficazes se tornavam na aquisição de recursos alimentares. Pescoços muito compridos eram viáveis porque os saurópodes tinham cabeças muito pequenas;

seus pescoços não poderiam aguentar cabeças do tamanho da que tinham os hadrossauros ou tiranossauros. Já as cabeças pequenas eram possíveis porque, ao contrário das crianças obedientes, os saurópodes não mastigavam a comida. Eles simplesmente — e rapidamente — mordiscavam e arrancavam galhos, engolindo folhas e sementes mais ou menos inteiras.

FIGURA 39. *Patagotitan mayorum*, um gigantesco esqueleto de titanossauro em exposição no Museu Americano de História Natural, em Nova York. Do focinho à cauda, o esqueleto tem 37 metros de comprimento. © *American Museum of Natural History*/D. Finnin

Diferentemente dos crocodilos, o sistema respiratório dos dinossauros assemelhava-se ao de um pássaro, facilitando o transporte eficiente de oxigênio através de um corpo gigante e, mais importante, levando-o a vértebras com inúmeras cavidades que, enchidas de ar, aliviavam o peso do pescoço. A par disso, o intenso metabolismo dos saurópodes lhes permitia crescer rapidamente, uma necessidade para espécies cujos adultos podem ser 100 mil vezes maiores do que os filhotes. Hoje em dia, os animais são normalmente classificados como de sangue quente, nos quais a temperatura corporal é mantida elevada pela queima de muitas calorias, ou de sangue frio, com o ambiente funcionando como regulador da temperatura corporal. Mamíferos e pássaros de sangue quente usam muita energia, via alimentação, para manter essas altas temperaturas internas. Parece que, embora os dinossauros não fossem de sangue quente no sentido que associamos aos pássaros e mamíferos atualmente, eles eram capazes de manter elevada a temperatura corporal de um jeito diferente, que promovia um metabolismo eficiente, enquanto alocava mais de sua ingestão de alimentos ao crescimento. A chave, sem surpresa nenhuma, era o tamanho. Conforme um animal cresce, o calor que ele gera aumenta em função de seu volume (o cubo do comprimento), enquanto o calor corporal é dissipado em função da área de superfície (o quadrado das dimensões lineares). Assim, o porte gigante alcançado pelos dinossauros permitia que altas temperaturas internas pudessem ser mantidas passivamente. Essa visão obteve um apoio recente proveniente de análises químicas de ossos de saurópodes, que indicam uma temperatura corporal de 36º C a 38° C, bem similar à de mamíferos modernos.

Para os saurópodes, o tamanho representava uma forte defesa contra predadores (elefantes raramente têm medo de leopardos). Em resposta, os predadores se tornaram maiores, provocando, com isso, uma corrida armamentista evolutiva entre os dinossauros como um todo. Em consequência, o ponto ótimo da terra firme em termos ecológicos e fisiológicos ficou sendo o dos terríveis lagartos. Mamíferos primitivos viviam nas mesmas comunidades que os dinossauros, mas não eram capazes de atingir um porte similar. Para sobreviver, a maioria simplesmente ficava fora do caminho dos dinossauros, com hábitos noturnos ou vivendo em árvores ou tocas, da mesma forma que muitas espécies de mamíferos fazem na contemporaneidade. Para aqueles que preferem Davi a Golias, vale a pena notar que ao menos alguns desses primeiros mamíferos comiam ovos de dinossauro.

NÓS COSTUMAMOS PENSAR NOS DINOSSAUROS como uma espécie extinta, mas se aceitarmos a definição de dinossauros apresentada anteriormente, isso não é verdade. Há dinossauros vivos no quintal de sua casa — canários, tordos e pardais. A ideia de que pássaros são descendentes de ancestrais dos dinossauros remonta há mais de um século e meio nos pensamentos de T. H. Huxley, o defensor mais tenaz de Darwin. Em 1868, Huxley escreveu: "A estrada que vai dos Répteis aos Pássaros passa pelos Dinossauros... asas cresceram a partir de membros anteriores rudimentares." Huxley chamou atenção em particular para as similaridades anatômicas entre os esqueletos de pássaros e o do *Coelophysis*, um pequeno dinossauro encontrado em rochas do Neotriássico e do Eojurássico.

Fósseis de caráter intermediário, mais uma vez, vieram reforçar essa colocação. Em 1855, e novamente em 1861, dois fósseis notáveis foram escavados de uma pedreira de calcário na Baviera. Batizados de *Archaeopteryx*, eles revelam uma estrutura esquelética geral muito semelhante à de pequenos dinossauros contemporâneos, porém com membros anteriores estendidos a tamanhos similares aos de asas (Figura 40). O crânio foi modificado para se parecer com bicos de aves, embora as mandíbulas ainda estivessem forradas com dentes. O mais surpreendente é que o *Archaeopteryx* estava coberto de penas. (O icônico espécime de Berlim do *Archaeopteryx* pode ser visto no Museu Humboldt, exibido com destaque e sob a proteção de um vidro à prova de balas, como a *Mona Lisa* no Louvre.) Tal como o *Tiktaalik* fez na transição de peixe para tetrápode, o *Archaeopteryx* revela de onde veio, evolutivamente falando, e para onde estava indo. Nas últimas décadas, o vínculo entre dinossauro e pássaro foi fortalecido por dezenas de novas descobertas em camadas cretáceas na China, as quais demonstram, entre outras coisas, que os dinossauros mais próximos dos pássaros já tinham penas. A preservação de moléculas de pigmento nos permite inclusive reconstruir padrões de cores nesses antecedentes de aves, fornecendo, assim, uma nova resposta científica para a velha charada — "O que é preto, branco e tem sangue por toda parte?". Embora os primeiros protopássaros possam ter usado membros anteriores alongados para capturar presas, eles por fim evoluíram a capacidade de planar e depois efetivamente de voar: modificações esqueléticas e musculares necessárias para voar podem ser vistas nos diversos fósseis da China. Com o voo, havia um novo reino para conquistar — o ar. Os pterossauros foram os primeiros a chegar lá, e recentemente demonstrou-se que outros pequenos dinossauros desenvolveram asas independentemente dos pássaros, mas estes fizeram isso melhor, comandando o céu (sendo acompanhados, muito mais tarde, pelos morcegos) e, mais importante, sobrevivendo à catástrofe ambiental renovadora de 66 milhões anos atrás. Então, quando você conversar com seu papagaio, admirar a graça das águias, assar seu frango ou expulsar os corvos do seu jardim, conceda aos pássaros o respeito que eles merecem, pois eles são os sobreviventes do poderoso clã dos dinossauros.

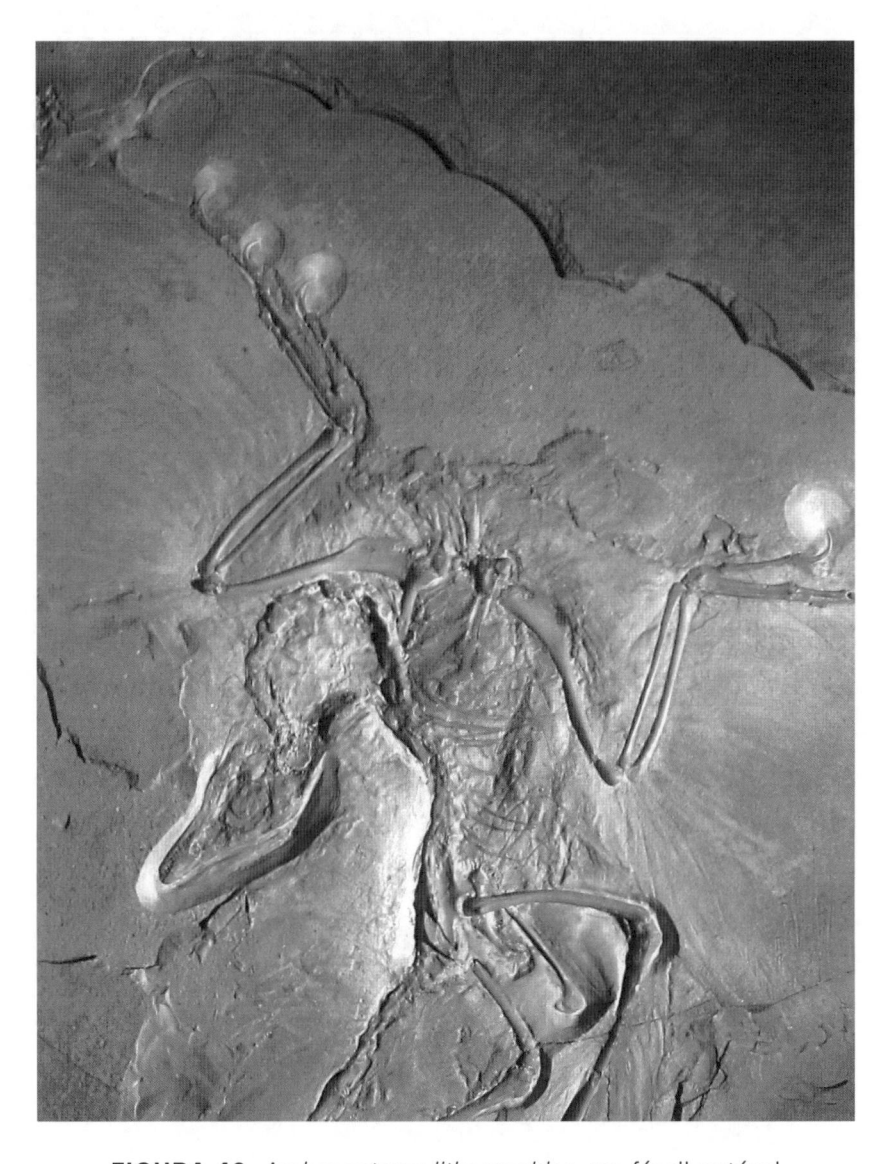

FIGURA 40. *Archaeopteryx lithographica*, um fóssil notável que vincula dinossauros e pássaros. Este é o espécime original exibido no Museum für Naturkunde, em Berlim. © *H. Raab (Usuário: Vesta)/fonte: https://commons.wikimedia.org/wiki/ File:Archaeopteryx_lithographica_(Berlin_specimen).jpg [conteúdo em inglês]*

© 1xpert/adobe.stock.com

7

Terra **Catastrófica**

EXTINÇÕES RECONFIGURAM A VIDA

Todd Marshall

PRÓXIMO À CIDADE MEDIEVAL DE GUBBIO, NA ITÁLIA, um estreito desfiladeiro corta fundo a Cordilheira dos Apeninos. Aos olhos de observadores casuais, as rochas ao longo das paredes do cânion podem parecer monótonas: camada após camada de calcário fino depositado há muito tempo no fundo do mar. Os calcários estão repletos de fósseis — de fato, eles consistem principalmente de minúsculos esqueletos de carbonato de cálcio de protozoários chamados foraminíferos e algas microscópicas chamadas cocolitoforídeos —, mas, em virtude de seu tamanho diminuto, seus restos não são perceptíveis na frente rochosa. No entanto, olhar com cuidado no lugar certo revela uma característica curiosa. Acima de centenas de metros de calcário e abaixo de muitas outras camadas semelhantes, há uma camada de argila de 1 centímetro sem nenhum mineral do grupo dos carbonatos (Figura 41). Leve os calcários para o laboratório para estudar, camada a camada, ao microscópio e você se deparará com outro quebra-cabeça: poucas das espécies de microfósseis encontradas abaixo da camada de argila são encontradas acima dela.

A camada de argila em Gubbio marca a linha divisória entre os períodos Cretáceo e Paleogeno — e as eras Mesozoica e Cenozoica —, uma cerca no tempo em 66 milhões de anos atrás que separa biotas bem diferentes tanto em terra quanto no mar. Nas rochas marinhas, as espécies de microfósseis que serviam para reconstruir o Mesozoico desaparecem, aparentemente em um instante. As amonitas, parentes das lulas que figuravam entre os carnívoros mais numerosos e diversificados nos oceanos mesozoicos, também desaparecem em massa, assim como incontáveis outras espécies. Em terra, os dinossauros, dominantes havia muito tempo, deram seu último suspiro. Tudo, ao que parece, no exato instante no tempo representado pela camada de argila Gubbio.

No final da década de 1970, o geólogo Walter Alvarez viajou para Gubbio para estudar as propriedades magnéticas das grossas camadas de calcário daquela formação rochosa, e essa singular camada de argila capturou sua atenção. Quanto tempo ela representaria? Walt levantou a questão com seu pai, o físico e ganhador do prêmio Nobel Luiz Alvarez. Uma questão fácil, respondeu Alvarez pai; minúsculos micrometeoritos despencam constantemente na atmosfera e o fazem a taxas conhecidas. Esses mensageiros celestiais contêm elementos como o irídio, cuja presença nas substâncias da superfície da Terra é rara, então, se Walt medisse a quantidade de irídio na camada de argila, poderia calcular o tempo que levou para se acumular. Com os químicos Frank Asaro e Helen Michel, ele fez exatamente isso, chegando à conclusão de que, considerando o alto teor de irídio encontrado, a camada de argila devia ter levado milhões de anos para se formar, uma resposta que Walt sabia que tinha que estar errada — maravilhosa, espetacular e instrutivamente errada, como demonstrou ser.

TERRA CATASTRÓFICA

FIGURA 41. O limite Cretáceo-Paleogeno em Gubbio, Itália, foi onde Walter Alvarez desenvolveu o caso de extinção em massa por impacto de meteoritos. Os calcários brancos no canto inferior direito foram depositados no final do período Cretáceo; eles contêm diversos esqueletos de minúsculos foraminíferos e cocolitoforídeos. Os calcários avermelhados no canto superior esquerdo se formaram no início do Período Paleogeno; eles englobam apenas algumas espécies de foraminíferos e cocolitoforídeos. Separando-os está uma fina camada de lamito fino, no alto da zona branca, de onde geólogos curiosos levam muitas amostras. *Andrew H. Knoll*

Se o enriquecimento de irídio na argila não refletia taxas lentas de acumulação ao longo do tempo, a alternativa é que uma grande quantidade de irídio depositou-se rapidamente, provavelmente pelo impacto de um grande meteorito. Alvarez e seus colegas calcularam que tal objeto precisaria ter quase 11 km de diâmetro para realizar um feito daquela magnitude. O efeito de uma colisão dessas sobre o planeta seria catastrófico, constituindo-se em um mecanismo de extinção dos dinossauros e de todas as outras espécies vegetais, animais e microscópicas que nunca presenciaram o alvorecer do Período Paleogeno.

Publicado em 1980, o artigo da equipe de Alvarez causou um alvoroço, gerando simpatia e ceticismo em igual proporção. A controvérsia estendeu-se por mais ou menos uma década, até que o acúmulo de dados inclinou a balança decisivamente a favor de Alvarez. (Um aparte: quando Walt visitou Harvard no final dos anos 1980, ficou hospedado em nossa casa. Eu o apresentei para minha filha Kirsten, que na época tinha 4 anos, dizendo a ela que "o Sr. Alvarez está interessado em dinossauros". Kirsten ficou imediatamente encantada, e então arrisquei um passo adiante. "Existem dinossauros vivendo hoje?", perguntei. "Não, seu bobo", respondeu Kirsten, o tom de voz claramente lamentando minha ignorância. "Um meteorito os matou." Walt pulou do sofá, os braços no ar como se estivesse festejando um gol. Se as crianças aceitavam a explicação, os cientistas certamente o fariam.)

Assim como outras questões científicas, a hipótese de Alvarez não foi pacificada por votação. Há nela previsões sobre outras características que deveriam estar preservadas no registro rochoso, e geólogos de todo o mundo trataram de procurá-las. A anomalia do irídio aparecia em rochas limítrofes ao redor do mundo, mas não em camadas mais antigas ou mais novas. Não demorou para que minerais distintos chamados quartzo de impacto fossem descobertos em rochas depositadas no mesmo ponto no tempo. O quartzo de impacto é formado somente em condições de temperatura e pressão transitoriamente altas, condições geradas pelo impacto de um grande meteorito. E, a seu tempo, a verdadeira bala de prata foi identificada: uma cratera de meteorito com cerca de 200 km de diâmetro, formada na hora certa e agora enterrada sob sedimentos mais jovens na Península de Yucatán. Quase 170 milhões de anos de evolução dos dinossauros tiveram fim em um cataclismo.

SE VOCÊ PERGUNTAR a um paleontólogo quais fósseis favorecem nossa compreensão da evolução, ele provavelmente citará organismos há muito desaparecidos como dinossauros, trilobitas e musgos gigantes, que dão nova dimensão à nossa apreciação das possibilidades biológicas, antes de se concentrar nas extinções em massa e suas profundas consequências para a vida. Nem sempre foi assim. Em 1944, George Gaylord Simpson, o principal colaborador em paleontologia da assim chamada "síntese evolutiva neodarwiniana de meados do século XX", escreveu um livro dos mais influentes, cujo título era *Tempo and Mode in Evolution* (Tempo e Modo na Evolução, em tradução livre). Nele, Simpson argumenta que os padrões evolutivos definidos pelos fósseis refletem a genética populacional operando em longos períodos de tempo. Suas colocações eram diretas e convincentes, afinal de contas, o objetivo da síntese neodarwiniana era estabelecer a genética populacional como o mecanismo por trás da seleção natural e, portanto, da mudança evolutiva ao longo do tempo. Contudo, ao se concentrar tão plenamente na genética populacional, Simpson perdeu uma lição geológica de essencial importância para a evolução. A Terra não é uma plataforma passiva sobre a qual evoluem populações dinâmicas. Nosso planeta é tão mutável quanto as populações que ele sustenta, com os ambientes mudando continuamente em escalas que vão do local e transitório à transformação global em longo prazo. E quando a perturbação ambiental sujeita a biota a um choque curto e agudo, as espécies e até a própria estrutura ecológica podem colapsar. É certo que a genética populacional dá sustentação à *origem* das espécies, mas a *perenidade* delas depende, comumente, da diligência ambiental da Terra. Como os capítulos anteriores sugeriram e os eventos do final do Cretáceo evidenciam, a diversidade biológica hoje ao nosso redor reflete tanto a extinção em massa e as mudanças ambientais quanto a genética populacional. Os mamíferos espalharam-se pela Terra Cenozoica não somente graças à genética populacional, mas também porque alguns deles sobreviveram à catástrofe do final do Cretáceo, o que não ocorreu com os dinossauros.

A hipótese de Alvarez foi muito importante no sentido de centralizar o pensamento paleontológico na extinção em massa. Nessa mesma época, tomou forma outro projeto que também atuou nessa direção. Na década de 1970, quando eu era estudante de pós-graduação, meu amigo e colega Jack Sepkoski começou a catalogar a diversidade fóssil em termos de ocorrência através dos tempos. Não havia pioneirismo nessa tentativa, mas sua perseverança e atenção aos detalhes lhe possibilitaram montar um esplêndido banco de dados das primeiras e últimas aparições de todas as ordens, famílias e, por fim, gêneros de animais marinhos encontrados no registro fóssil. (Jack se absteve de catalogar espécies, intuindo corretamente que registros em tal nível de detalhe estariam sujeitos a vieses relacionados à abundância de sedimentos e aos hábitos dos coletores.) Os dados de Jack revelaram que o curso da diversificação biológica esteve longe de ser tranquilo. A diversidade animal ampliou-se nos períodos Cambriano e Ordoviciano, mas então caiu abruptamente perto do final do Ordoviciano. Em seguida, se recuperou, porém voltou a declinar durante o período Devoniano posterior, ciclo que se repetiu mais três vezes, incluindo o final do Período Cretáceo. Ao todo, a biota da Terra amargou cinco extinções em massa no decorrer dos últimos 500 milhões de anos, sem contar meia dúzia de episódios de extinção menores (Figura 42).

Parecia, a princípio, que a hipótese de Alvarez dava conta de uma explicação geral para a questão de diversidade flutuante de Sepkoski. Talvez grandes meteoritos tenham ocasionado grandes extinções, e impactos menores, extinções menores. Aparentemente, simples assim, mas, como se pode ver, um equívoco. Apenas a extinção do final do Cretáceo pode ser associada de maneira confiável ao impacto de meteoritos.

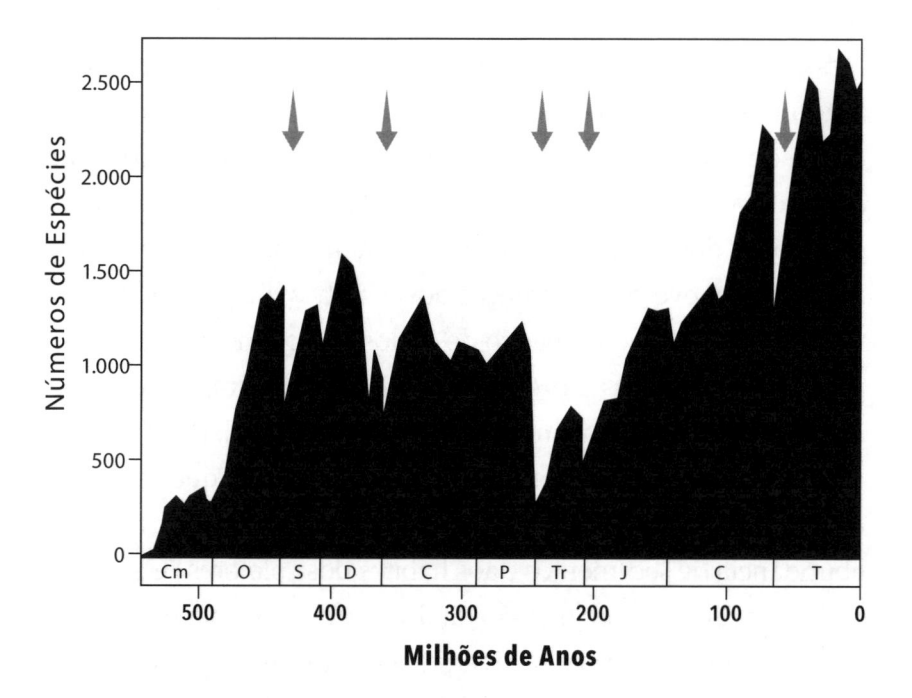

FIGURA 42. Uma compilação da diversidade, em nível de gênero, de animais marinhos ao longo do tempo, cuidadosamente elaborada por Jack Sepkoski. As setas apontam para cinco momentos durante os últimos 500 milhões de anos, quando a diversidade caiu abruptamente — as "Cinco Grandes" extinções em massa. *Fonte: Sepkoski's Online Genus Database*

A maior extinção em massa conhecida não ocorreu no fim do Período Cretáceo, mas há 252 milhões de anos, no encerramento do Período Permiano, quando mais de 90% das espécies de animais marinhos desapareceram. (Pode parecer uma coincidência que esses dois grandes eventos de extinção se situem nas fronteiras entre as eras do Éon Fanerozoico, mas, é claro, não é realmente uma coincidência. Paleontólogos do século XIX estabeleceram a escala de tempo geológica baseados em fósseis, e as acentuadas mudanças paleontológicas no final dos períodos Permiano e Cretáceo marcaram esses momentos como pontos naturais para subdividir a história da Terra.)

A catástrofe biológica do final do Permiano está claramente inscrita em rochas expostas na encosta de uma montanha em Meishan, China (Figura 43). Chega-se com facilidade ao local porque o governo regional construiu um extravagante geoparque para preservar, exibir e explorar o sítio geológico. Mas deixando de lado os adereços humanos, a história contada pelas rochas de Meishan provoca calafrios. Calcários perto do sopé da montanha como que se arrepiam com os fósseis de animais marinhos do final do Permiano: braquiópodes, briozoários, equinodermos, restos esqueléticos de grandes protistas, e muito mais. Se você pudesse mergulhar nas águas costeiras do final do Permiano, teria observado diversos animais, algas e protozoários distribuídos pelo fundo do mar raso. Entretanto, pela metade da seção, esses fósseis simplesmente desaparecem. Todos eles. Em uma linha da espessura de uma lâmina de faca. Os fósseis nunca reaparecem em rochas mais jovens. Em vez disso, conforme subimos a encosta da montanha, vemos apenas alguns pequenos fósseis, principalmente mariscos e caramujos.

Na primeira vez que vi tudo isso em Meishan, senti uma surpreendente sensação de perda existencial — uma exuberância de vida exterminada rapidamente e para todo o sempre. O que teria acontecido? O primeiro passo para uma resposta é dado pelas finas camadas de cinzas vulcânicas intercaladas nos calcários Meishan; as camadas de cinzas logo acima e imediatamente abaixo do horizonte de extinção são datadas de 251,941 ± 0,037 e 251,880 ± 0,031 milhões de anos, respectivamente. A precisão dessas idades é fundamental porque coincidem com o momento de um evento geológico surpreendente ocorrido a meio continente de distância, as Armadilhas Siberianas.

TERRA CATASTRÓFICA

FIGURA 43. A fronteira Permiano-Triássica exposta em Meishan, China. As rochas maciçamente estratificadas no canto inferior direito são calcários do Permiano tardio, ricos em fósseis. Acima deles, as rochas se transformam abruptamente em calcários de granulação fina com poucos fósseis. Cerca de 90% das espécies de animais marinhos foram extintas no momento marcado pela mudança no tipo de rocha sedimentar. *Andrew H. Knoll*

Na linguagem geológica, uma "armadilha" significa um acúmulo de basalto ou outras rochas vulcânicas de cor escura, normalmente expostas camada após camada de tal maneira que lembra uma escadaria (*trappa*, em sueco). Localizadas a leste dos Montes Urais, as Armadilhas Siberianas registram um imenso derramamento de rochas basálticas, não muito diferentes das ocorrências observadas no Havaí. Embora as Armadilhas Siberianas possam ser semelhantes, em tipo, às erupções vulcânicas de hoje em dia, as dimensões delas são assombrosas. A extensão aérea remanescente das armadilhas alcança por volta de 7 milhões de km^2, mais ou menos o tamanho da Austrália. Comumente superando 2.500 metros de espessura, as armadilhas têm um volume estimado em 4 milhões de km^3, um milhão de vezes maior do que qualquer vulcanismo já testemunhado por humanos ou "parentes" próximos. Uma cuidadosa datação radiométrica revela que a erupção da maior parte dessa imensa pilha foi simultânea às extinções registradas em Meishan.

Como associamos o vulcanismo na Ásia Ocidental a uma catástrofe biológica bem ilustrada na China, mas de um ponto de vista global? Embora amplas, as Armadilhas Siberianas não cobriram a Terra nem nada parecido, então as extinções globais não refletem simplesmente o derramamento de lava. É imperativo perguntar de que modo o vulcanismo massivo teria impactado os ambientes globais. À medida que os vulcões espalham lava localmente, há uma injeção de grandes quantidades de gás na atmosfera, especialmente dióxido de carbono, um agente geológico cujos efeitos no clima já vimos antes. O vulcanismo do final do Permiano elevou rapidamente o conteúdo de CO_2 da atmosfera e dos oceanos em várias vezes.

Há mais de vinte anos, meu amigo Richard Bambach e eu ficamos intrigados com a extinção em massa do final do Permiano. Os registros da extinção já haviam sido examinados antes por outros paleontólogos, buscando padrões significativos nas características geográficas, ambientais ou taxonômicas de vítimas e sobreviventes. Dick e eu, porém, nos voltamos para a fisiologia, a interface biológica entre os organismos e o que está ao redor deles. Em particular, perguntamo-nos como a vida seria afetada pela injeção maciça de dióxido de carbono na atmosfera. Isso se passou antes de sabermos muito sobre o vulcanismo siberiano, e, para ser sincero, o modelo que nos motivava para estudar a extinção estava errado. Não obstante, os resultados mostraram-se esclarecedores. Meses na biblioteca nos ensinaram o que os fisiologistas haviam aprendido em décadas de experimentos de laboratório. Em altas concentrações, o dióxido de carbono é uma ameaça para muitos organismos, pois afeta o ambiente e a fisiologia deles nas mesmas proporções. Contudo, os efeitos nas espécies diferem em grau: algumas são relativamente tolerantes, enquanto outras podem ser especialmente vulneráveis. Elaboramos uma lista de características anatômicas e fisiológicas que podem ser razoavelmente inferidas a partir de fósseis, as quais nos permitiram dividir a fauna marinha do final do Permiano em dois grupos, um que previmos ser mais tolerante ao rápido aumento de CO_2, e outro, mais vulnerável. O registro real da extinção e sobrevivência do final do Permiano se encaixa notavelmente nas previsões, identificando o dióxido de carbono e outros gases vulcânicos como o elo de ligação entre a calamidade física e a catástrofe biológica.

O vulcanismo das Armadilhas Siberianas injetou grandes quantidades de dióxido de carbono na atmosfera, algo que, em face das propriedades de efeito estufa do CO_2, levou ao aquecimento global. (Como as Armadilhas Siberianas se derramaram sobre enormes áreas de turfa acumulada, o metano [CH_4] também pode ter se originado a partir de matéria orgânica aquecida, intensificando o efeito estufa.) Uma vez que o aquecimento diminui a quantidade de O_2 que pode ser incorporado à água do mar, os mares se tornaram pobres em oxigênio, em especial em águas subsuperficiais sem contato direto com a atmosfera. E o CO_2 emitido, misturado à água do mar, também diminuiu seu pH — fenômeno ao qual denominamos hoje de "acidificação do oceano". O fisiologista alemão Hans Otto Pörtner, figura líder nos esforços para entender as consequências biológicas das mudanças globais do século XXI, chama o aquecimento global, a acidificação dos oceanos e o esgotamento do oxigênio de "o trio mortal". Cada fator não apenas é capaz de prejudicar a biota individualmente, como também ocorrem todos juntos no sistema da Terra, com efeitos sinérgicos — cada fator magnifica os efeitos prejudiciais dos outros. A hipercapnia [aumento da pressão parcial de CO_2 no sangue decorrente da elevação na concentração de CO_2 neste] também estava em jogo. Por exemplo, em altos níveis de dióxido de carbono, as proteínas que transportam O_2 pelo corpo podem se ligar ao CO_2, prejudicando o metabolismo do oxigênio.

O conjunto dos efeitos ambientais e fisiológicos do CO_2 deve acometer mais acentuadamente os animais que produzem esqueletos de carbonato maciços, mas que têm tal capacidade limitada para modificar os fluidos dos quais esses esqueletos são precipitados — corais, por exemplo. Em contraposição, animais com altas taxas metabólicas, que os expõem diariamente a uma elevada incidência de CO_2 interno, devem ter maior tolerância, assim como animais com guelras ou pulmões para trocas gasosas e um sistema circulatório bem desenvolvido. Tendo isso em mente, podemos prever que moluscos, peixes e artrópodes seriam relativamente tolerantes. À proporção que o vulcanismo se alastrava no final do Período Permiano, a biologia era de fato o destino nos oceanos. Todos os corais paleozoicos desapareceram — os corais dos oceanos atuais refletem a evolução, no Triássico tardio, de esqueletos em anêmonas do mar que sobreviveram à extinção. Braquiópodes, preguiçosos fisiológicos que estavam entre os animais mais espalhados e diversificados no fundo do mar do Permiano, deixaram para trás essas características. Por outro lado, mariscos e caracóis sobreviveram com relativa facilidade. Os peixes fizeram jus às previsões fisiológicas, sofrendo relativamente poucas extinções. Quanto aos crustáceos decápodes, representados hoje pelos camarões, caranguejos e lagostas em nossos pratos, na realidade se diversificaram na passagem do Permiano para o Triássico.

Em terra, a maioria dos animais e plantas foi sensível à mudança global, mas os efeitos dela em longo prazo parecem ter sido mais modestos do que aqueles que alteraram significativamente o mar. Isso aconteceu talvez devido à não sujeição das populações em terra à acidificação dos oceanos ou à perda de oxigênio e talvez em razão de as espécies terrestres tolerarem melhor a mudança de temperatura. Em suma, os padrões de ecologia e diversidade que caracterizaram os oceanos da Terra por mais de 200 milhões de anos entraram em colapso — não em virtude da influência extraterrestre, mas porque o magma incandescente do manto irrompeu violentamente na paisagem siberiana. A diversidade se recuperou durante o Período Triássico, mas dessa vez com diferentes grupos contribuindo para uma ecologia distinta. A extinção em massa deu fim à Era Paleozoica e inaugurou a Mesozoico, da mesma maneira que a catástrofe do final do Cretáceo encerrou o Mesozoico e potencializou nosso mundo Cenozoico.

NÃO OBSTANTE SUAS DIMENSÕES APOCALÍPTICAS, as Armadilhas Siberianas não são uma excentricidade geológica. Grandes concentrações de lava, impulsionadas pelo forte calor do manto, foram lançadas na paisagem ou no fundo oceânico onze vezes nos últimos 300 milhões de anos, um mecanismo que explica ao menos outra extinção em massa e vários eventos de menor porte. Na esteira da extinção do final do Permiano, a vida marinha se diversificou novamente no decorrer do Período Triássico (201 a 252 milhões de anos atrás), dando origem a novos e distintos ecossistemas em um intervalo de vários milhões de anos. O Período Triássico, porém, terminou do jeito que começou: enormes quantidades de lava irromperam ao longo de um arco que vai da Caverna de Fingal, na costa oeste da Escócia e as Palisades de Nova York, até os penhascos negros das montanhas Atlas do Marrocos e extensos fluxos agora enterrados pela chuva na floresta amazônica. Com isso, e de novo, a diversidade biológica caiu abruptamente. A seletividade da extinção e sobrevivência nos oceanos no final do Triássico reflete a do Permiano, com os recifes sendo particularmente atingidos. Estima-se que 40% de todos os gêneros e até 70% das espécies desapareceram dos oceanos, números bem aquém, mas ainda assim dramáticos, da extinção ocorrida no final do Permiano. Em terra, a diversificação de vertebrados do Triássico foi reduzida pelo vulcanismo e pela ligeira perturbação climática anterior. Como observado no Capítulo 6, diversos crocodilianos, animais dominantes das paisagens triássicas posteriores, foram extintos, enquanto os ancestrais dos mamíferos e dos dinossauros sobreviveram, dando origem aos grandes e pequenos ecossistemas mesozoicos posteriores.

O registro geológico do Mesozoico tardio documenta vários momentos adicionais no tempo nos quais grandes porções do oceano profundo se tornaram deficientes em oxigênio por milhares de anos. No mínimo, dois desses eventos estão correlacionados não só com o vulcanismo maciço, mas também com grandes extinções, uma há cerca de 183 milhões de anos e a segunda há 94 milhões de anos. Estima-se que de 15% a 20% de todos os gêneros marinhos desapareceram durante essas extinções "menores". Há até vulcanismo maciço no final do Período Cretáceo. De acordo com alguns cientistas, o vulcanismo das Armadilhas do Deccan, na Índia, influenciou o curso da extinção em massa do final do Cretáceo, preparando o cenário para o impacto, para isso perturbando o meio ambiente ou intensificando os efeitos do resultado ao expelir grandes volumes de gases no ar. Algumas datações radiométricas para as lavas dão força à primeira visão, enquanto outras apoiam a segunda. Felizmente, o vulcanismo maciço pode fornecer uma assinatura química específica aos sedimentos, e isso mostra que o vulcanismo de Deccan começou antes da extinção. Seja como for, independentemente do contexto geológico, cabe aos fósseis a palavra final sobre o motivo. Os padrões observados de extinção e sobrevivência do final do Cretáceo têm pouca similaridade com os de extinções associadas de forma confiável ao vulcanismo maciço, enfatizando a importância do impacto de meteoritos no cerrar das portas do mundo mesozoico.

NOSSAS DUAS DERRADEIRAS extinções em massa, ambas da Era Paleozoica, diferem em termos de causa e efeito. No Capítulo 5, vimos que a diversificação cambriana e ordoviciana configurou diversos ecossistemas nos oceanos. Essa diversidade, todavia, implodiu 445 milhões de anos atrás, perto do final do Período Ordoviciano. A extinção coincide com uma era glacial relativamente breve (2 milhões de anos), mas acentuada, com seu foco no Hemisfério Sul. Algo próximo à metade de todos os gêneros de animais marinhos desapareceu, mas com limitado rompimento do tecido ecológico. As comunidades do fundo do mar, ao passo que o mundo se recuperava, eram muito parecidas com aquelas de antes do evento de extinção. A vida aquática sofreu um dano maior, com pronunciado declínio da diversidade entre trilobitas e vertebrados primitivos.

Não deixa de ser um tanto intrigante que a extinção em massa do fim do Ordoviciano coincida com a glaciação generalizada, uma vez que a Terra esteve sob uma era glacial nos últimos 2,6 milhões de anos (Capítulo 8) e, ao menos no reino marinho, apenas uma modesta extinção foi documentada. Por que, então, o mundo deveria ter sido diferente no fim do Ordoviciano? Uma distinção envolve o nível do mar. A água nas geleiras vem principalmente dos oceanos, assim, conforme o gelo se expande, o nível do mar diminui — por volta de 130 metros, no caso de nossa era glacial mais recente, e não muito diferente no final do Período Ordoviciano. Se o nível do mar estiver baixo no início, como ocorreu quando as geleiras se expandiram mais recentemente, a quantidade perdida de fundo do mar habitável é relativamente pequena. Todavia, no caso de as grandes geleiras se expandirem quando o nível do mar estiver alto e grande parte das terras baixas do nosso planeta for inundada por mares rasos, o consequente declínio no nível do mar drenará esses mares que encharcaram os continentes, eliminando uma grande parcela do fundo do mar rasteiro do mundo, bem como seus habitantes. Foi o que aconteceu durante o Período Ordoviciano.

Outra questão diz respeito à geografia. Conforme o clima muda, as populações podem migrar para ambientes mais amigáveis se houver rotas de fuga disponíveis. À medida que o gelo se expandia há 2,6 milhões de anos, espécies de plantas no leste da América do Norte conseguiram se fixar mais perto do Golfo do México, garantindo sua sobrevivência. Por outro lado, plantas do norte da Europa, em razão do bloqueio dos Alpes, sofreram extinção significativa. Em oceanos rasos, as extinções foram maiores onde as rotas de migração eram limitadas — na Flórida, por exemplo, cujos mares profundos restringiam a migração em direção a climas mais quentes. (Pergunte-se para onde os ursos polares podem migrar em decorrência do atual aquecimento da Terra.) O aumento das montanhas equatoriais e dos mares profundos também pode ter inibido a migração do fim do Ordoviciano. Nem os limites impostos à migração nem a perda de habitat em larga escala devem influenciar os padrões de extermínio de espécies como se deu na catástrofe do final do Permiano. Com isso talvez nos ajudando a compreender por que, a despeito de tão vasta aniquilação de espécies, os padrões ecológicos em grande parte não se modificaram até a extinção em massa do final do Ordoviciano.

O evento bem menos compreendido das "Cinco Grandes" [extinções] de Sepkoski teve lugar durante o período Devoniano tardio, quando a diversidade caiu em um intervalo prolongado (359 a 393 milhões de anos atrás). Braquiópodes e outros organismos alojados no fundo do mar foram atingidos primeiro, depois os construtores de recifes e, por fim, os cefalópodes primitivos esguichando pela coluna de água. Curiosamente, o declínio da diversidade do Devoniano parece ter ocorrido com baixas taxas de origem [de novas espécies] tanto quanto de extinção [de espécies anteriores], levando-nos, Dick Bambach e eu, a batizar esse evento de "depleção em massa", em vez da canônica extinção em massa. Essa perda de diversidade relacionada às taxas de originação foi confirmada em vários estudos, mas o motivo pelo qual isso deveria ser assim continua sendo um item de pesquisa em andamento.

É CABÍVEL FAZER GENERALIZAÇÕES sobre o extraordinário e recorrente registro de extinção em massa da Terra? Uma causa comum está fora de questão — diferentes eventos estão relacionados a meteoritos, eras glaciais e vulcanismo maciço. O impacto ecológico também não é generalizável — nos eventos de extinção os impactos ecológicos são contrastantes, com a ruptura do ecossistema não refletindo acuradamente a gravidade da perda de espécies. Um ponto em comum pode ser encontrado na rapidez com que a ruptura ambiental acontece; a *taxa* de mudança ambiental importa tal como sua *magnitude*. Se a mudança ambiental ocorre lentamente, as populações podem se adaptar às novas circunstâncias, mas, se for rápida, a adaptação pode ser desafiadora a ponto de deixar a migração ou a extinção como as únicas opções disponíveis. Extinções em massa se constituem em perturbações ambientais transitórias, porém profundas, impelidas por mecanismos dentro da Terra ou em outros lugares em nossa vizinhança cósmica. Embora a escala de tempo da extinção em massa seja curta, a reconstrução da diversidade leva mais tempo — os fósseis nos dizem que a recuperação de grandes extinções é bem demorada: centenas de milhares ou mesmo milhões de anos.

É evidente a importância do papel desempenhado pelas extinções em massa na formação da história evolutiva. Há mamíferos em abundância no mundo moderno, em parte porque os dinossauros foram extintos. Peixes se espalharam em mar aberto somente após a extinção em massa do final do Cretáceo, que acabou com as amonitas. Os recifes de hoje contêm corais, moluscos e caranguejos modernos, não propriamente porque superaram os corais tabulados, braquiópodes e trilobitas dos antigos sistemas de recifes, mas devido à extinção em massa que deu fim a esses grupos. Quem caminha por uma floresta tropical ou mergulha com snorkel acima de um recife de coral pode refletir que está pesquisando os sobreviventes das repetidas extinções em massa da Terra.

Isso poderia acontecer novamente? Grandes meteoritos e vulcões de enormes proporções são raros, mas não se pode dizer que não irá mais acontecer. Em 43 a.C., um vulcão entrou em erupção no Alasca e causou invernos rigorosos e quebra de colheitas generalizada na Europa, contribuindo para o fim da República Romana. Mais recentemente, em 1815, o Monte Tambora, na Indonésia, explodiu, matando milhares de pessoas em seu entorno e ocasionando um "ano sem verão" na distante Nova Inglaterra. Além disso, há Pompeia. (A própria Nápoles encontra-se nos destroços de uma erupção que ocorreu há quase 4 mil anos.) Grandes choques de meteoros são sem dúvida mais incomuns, mas o evento de Tunguska, uma enorme explosão em 1908 que destruiu cerca de 80 milhões de árvores em uma área (felizmente) pouco povoada da Sibéria, é atribuído à desintegração aérea de um cometa ou meteorito.

Por sorte, vulcões e impactos extensos o suficiente para causar devastação global são escassos em escalas de tempo de milhões de anos, o que me leva a não me preocupar muito com eles. Algo muito mais preocupante é o que você vê ao caminhar pelas ruas — uma população humana capaz de alterar profundamente a Terra e a vida em uma proporção de tempo tão curta quanto o de sua existência e a de seus filhos.

© 1xpert/adobe.stock.com

8

Terra **Humana**

UMA ESPÉCIE QUE TRANSFORMA O PLANETA

Todd Marshall

ENQUANTO AS ÚLTIMAS BRASAS DO CATACLISMO do final do Cretáceo esfriavam, por volta de 66 milhões de anos atrás, nosso planeta dava início a um novo capítulo. Quase que de imediato, as plantas e animais sobreviventes começaram a se diversificar, formando, após algumas centenas de milhares de anos, ecossistemas renovados e resilientes em terra. A Terra, de clima temperado, ficou ainda mais quente nos 15 milhões de anos seguintes, como consequência do efeito estufa causado pela presença relativamente abundante de dióxido de carbono na atmosfera. Palmeiras floresciam no Alasca, ao passo que jacarés deslizavam pelo Ártico canadense. Desaparecidos os dinossauros, os mamíferos se diversificaram de novas maneiras, tornando-se partícipes dominantes das comunidades terrestres. De particular interesse eram pequenas criaturas semelhantes a társios que viviam em árvores tropicais e provavelmente se alimentavam de insetos. Eram os primeiros primatas, nossos ancestrais.

Durante o Cenozoico, a vida e os ambientes mudaram concomitantemente. A diáspora global dos continentes, iniciada antes, quando o supercontinente Pangeia se partiu, continuava em marcha. O Oceano Atlântico se alargou drasticamente, e as Montanhas Rochosas, os Alpes e o

Himalaia elevaram-se majestosamente para o céu. A ascensão das montanhas aumentou as taxas de intemperismo, removendo o dióxido de carbono da atmosfera, ao mesmo tempo em que as placas, movimentando-se, reorientavam a circulação das águas nos oceanos. Em decorrência, a Terra finalmente começou a esfriar. Palmeiras, jacarés e outras espécies amantes do calor deixaram para trás as altas latitudes, e as pastagens passaram a substituir as florestas no interior dos continentes. Há uns 35 milhões de anos, as geleiras começaram a se espalhar pela Antártida.

Em meio a esse dinamismo das condições físicas do planeta, os primatas espalhavam-se por todo canto, dando origem a uma variedade diversificada de lêmures, társios, macacos e nosso próprio ramo de árvore dos primatas, os grandes símios. Retomamos a história a partir de 6-7 milhões de anos atrás, quando o resfriamento global começou a acelerar, aproximando a Terra de outra era glacial. Na África, bosques abertos e planícies gramadas substituíam cada vez mais as florestas densas conforme o interior do continente ficava mais seco, e, estimulada por essa mudança de habitat, uma nova linhagem de grandes símios separou-se de seus parentes mais próximos, hoje representados por chimpanzés e bonobos. Denominados hominídeos, esses novos macacos eram muito parecidos com chimpanzés: estatura e cérebro pequenos, focinho saliente e braços longos com dedos alongados e curvos para facilitar o movimento através das copas das árvores.

Mas os hominídeos diferiam de outros grandes símios de uma maneira fundamental. Eles podiam andar eretos.

Apenas os humanos, entre os grandes símios, andam eretos, nossa postura e locomoção viabilizadas por uma série de adaptações anatômicas, que incluem uma coluna inferior curvada para equilibrar o tronco ereto, uma pelve reconfigurada para facilitar os músculos necessários para andar, um pescoço verticalizado que sustenta a cabeça equilibrada sobre o corpo e pés arqueados com calcanhar proeminente. Essas características, que são suas, eram também, até certo ponto, dos primeiros hominídeos. Tais ancestrais são conhecidos com base em fragmentos de esqueletos fossilizados em rochas de 6 a 7 milhões de anos, mas nosso melhor entendimento a respeito é proporcionado por um único esqueleto bem preservado de uma jovem, descoberto em rochas de 4,4 milhões de anos da Etiópia. *Ardipithecus ramidus,* ou Ardi, para abreviar, tem muitas características provavelmente presentes no ancestral comum a humanos e chimpanzés. Adepta do alpinismo, à vontade em meio às copas das árvores, Ardi também perambulava em áreas de florestas mais esparsas em busca de frutas e outros alimentos. Como Charles Darwin sugeriu pela primeira vez há mais de um século, andar sobre dois pés liberou suas mãos para outras funções, incluindo, com o tempo, a fabricação e uso de ferramentas. A locomoção bípede, então, colocou Ardi e seus parentes no caminho que levava até nós (Figura 44).

Um novo grupo de hominídeos logo sucedeu Ardi: os australopitecinos, macacos similares aos primeiros hominídeos, cujas principais diferenças os colocam mais à frente no caminho evolutivo para os humanos. Não se sabe de sua real diversidade, mas uma dúzia de espécies foram reconhecidas até hoje, todas da África. Ossos de australopitecinos são relativamente comuns, mas, de novo, um único esqueleto lança uma luz nada usual sobre o grupo. Lucy é provavelmente o mais famoso de todos os hominídeos pré-humanos. Descoberta em rochas de 3,2 milhões de anos da Etiópia e batizada com o nome de *Lucy in the Sky with Diamonds*, uma música dos Beatles popular na época, ela tinha o tamanho de chimpanzés e Ardi, mas um cérebro nitidamente maior. Ela ainda se movia com graça entre as árvores, mas seus quadris bem espaçados um do outro, pés arqueados e dedão do pé curto sugerem que Lucy andava ereta mais habilmente do que os hominídeos anteriores. Os dentes de Lucy também se diferenciam dos deles, com grandes molares adequados para mastigação prolongada. Paleoantropólogos assumem que Lucy e seus parentes comiam menos frutas do que chimpanzés e hominídeos anteriores, preferindo alimentos mais rijos, como tubérculos, sementes, folhas e caules obtidos em florestas mais esparsas.

TERRA HUMANA

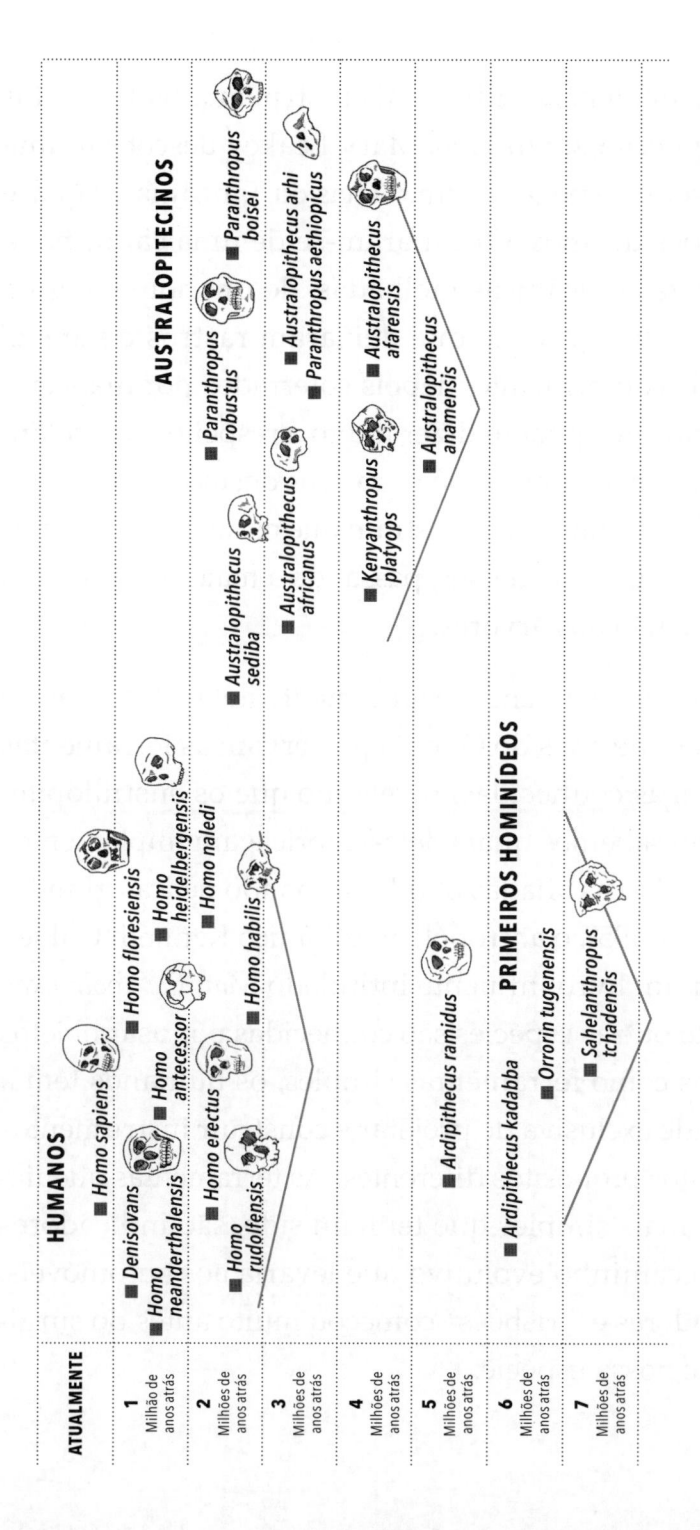

FIGURA 44. Diversidade de hominídeos nos últimos 7 milhões de anos. Os humanos são a única linhagem sobrevivente de um grupo antes variado. *Ilustrações por Alexis Seabrook*

Duas evidências adicionais instruem a biologia dos australopitecinos. Em 1976, Mary Leakey descobriu uma incrível série de pegadas em rochas da Tanzânia de quase 3,7 milhões de anos. Originaram-se de uma caminhada sobre cinzas vulcânicas molhadas, de um homem, uma mulher e uma criança, que deixaram rastros de até 27 metros de comprimento, depois soterrados por mais cinzas. Os biólogos podem dizer muito a respeito das andanças de alguém examinando os rastros deixados na lama, e as pegadas da Tanzânia mostram que os australopitecinos eram andarilhos talentosos, passando a maior parte do dia no chão, e não nas árvores.

A segunda evidência é igualmente notável: rochas de 3,3 milhões de anos do Quênia preservam as ferramentas mais antigas conhecidas, revelando que os australopitecinos (não sabemos quais deles) fabricavam implementos utilizando lascas afiadas obtidas afinando pedras grandes e duras. Em 1957, o antropólogo britânico Kenneth Oakley escreveu um livro influente intitulado *Man the Toolmaker*. Enquanto outras espécies são conhecidas por usar objetos próximos como ferramentas simples, os humanos têm a capacidade exclusiva de projetar e construir instrumentos para muitos propósitos diferentes. As ferramentas quenianas, por mais simples que tenham sido, são indicadores de que o caminho evolutivo que levaria aos automóveis, computadores e "frisbees" começou muito antes do surgimento de nossa espécie.

HOMO SAPIENS — nós — é a única espécie existente do gênero *Homo*, de fato o único hominídeo vivo (Figura 44). No entanto, fósseis revelam que treze espécies adicionais de *Homo* foram reconhecidas (onze delas formalmente denominadas), todas já extintas. Datando de pouco mais de 2 milhões de anos, nossos parentes mais próximos começaram a se diversificar na África, tal como seus antepassados hominídeos haviam feito antes. O *Homo* ancestral mais bem compreendido é o *Homo erectus,* localizado em rochas com idades que variam de 1,9 milhão a 250 mil anos atrás. Além da excelente preservação de muitos indivíduos, *H. erectus* se notabiliza por duas razões. Primeiro, sua anatomia é intermediária entre a dos australopitecinos e dos humanos modernos, na qual o esqueleto é mais humano e o cérebro é maior que o de Lucy, mas menor que o nosso. E, segundo, diferentemente de todos os hominídeos anteriores, *H. erectus* proliferou não somente na África, mas também na Eurásia. Nessa ocasião, nossos ancestrais já estavam firmemente adaptados à vida sobre o chão, vivendo da caça e da coleta de alimentos. Sinais de cortes em ossos de animais mostram que eles esquartejavam suas presas a fim de reservar uma importante fonte de nutrição à medida que a Terra se encaminhava para uma completa era glacial. É bastante provável que esses ancestrais compartilhavam suas presas, da mesma forma que os caçadores-coletores fazem hoje, estimulando a coesão social do grupo.

Os fósseis mais antigos atribuídos ao *Homo sapiens* foram encontrados em rochas de 300 mil anos do Marrocos. Eles são apenas um pouco mais recentes do que evidências de uma nova e sofisticada cultura de fabricação de ferramentas e do uso generalizado (e controlado) do fogo. Ou seja, nossa espécie já veio com novas tecnologias. Algo que talvez possa causar surpresa é que nossos ancestrais diretos habitavam o planeta na era do gelo ao lado de, no mínimo, três outras espécies de *Homo*. Os mais conhecidos são os neandertais, cujo estereótipo de brutalidade não corresponde ao que de fato eram: caçadores-coletores sofisticados, com diversas ferramentas e cérebro maior que o nosso. No outro extremo do espectro está o *Homo florensiensis*, um parente de baixa estatura apelidado de "o hobbit", descoberto recentemente como fósseis na Indonésia. E depois há os denisovianos, conhecidos apenas a partir de fragmentos originalmente descobertos em cavernas da Sibéria de 30 mil a 50 mil anos e cuja distinção foi verificada com base em seu DNA, preservado no osso de um dedo. Temos hoje genomas reconstruídos a partir de fósseis de neandertais, bem como de denisovianos, o que demonstra não só a íntima relação dos humanos modernos com neandertais e denisovianos, mas também que, no passado, indivíduos dessas espécies vez por outra endocruzaram. O DNA da maioria das pessoas inclui uma pequena mistura de genes neandertais. Melanésios, aborígenes australianos e algumas outras populações asiáticas também têm genes derivados de denisovianos. A história está viva em nossa genética.

Os humanos primários viviam apenas na África, mas há pouco mais de 100 mil anos, uma população colocou os pés em regiões mais longínquas, morando no que hoje é Israel, junto com os neandertais. Depois, entre 50 e 70 mil anos atrás, nossa espécie se espalhou rapidamente pela Ásia e Europa. Como se pareciam esses intrépidos colonos?

Em uma sala desprovida de janelas nos recônditos mais discretos do Museu da Cultura Antiga em Tübingen, Alemanha, pequenos animais, esculpidos em marfim, brilham como joias (Figura 45). Encontrados em uma caverna no sudoeste da Alemanha, eles capturam seus modelos — mamutes, cavalos, grandes felinos e muito mais — com extraordinária vivacidade. A classificação mais antiga entre os primeiros exemplos conhecidos de arte representacional tem 40 mil anos. Em outra caverna nas vizinhanças, havia uma figura feminina, também confeccionada em marfim de mamute. Com mais ou menos a mesma idade dos animais ancestrais, é a mais antiga representação conhecida de um ser humano. E em todo o Velho Mundo, os contemporâneos desses primeiros escultores passaram a cobrir as paredes das cavernas com primorosas pinturas de animais e, talvez, espíritos. As pinturas rupestres mais antigas conhecidas, da Indonésia, datam de uns 44 mil anos atrás, e os retratos desses caçadores meio humanos, meio animais, insinuam tanto a espiritualidade quanto a arte (Figura 46). Os dispositivos dessa época são produto de uma nova revolução tecnológica, com a produção em larga escala de instrumentos feitos de pedra, acompanhados por furadores, agulhas e até flautas feitas de osso. Não há como inferir a linguagem a partir de ossos antigos, mas podemos especular que esse atributo humano chave também evoluiu nesse período. Não sabemos a razão pela qual tais mudanças se deram naquela época, contudo, valendo-nos das palavras do paleoantropólogo Daniel Lieberman, "as pessoas de alguma forma estavam pensando e se comportando de maneira diferente". Os humanos finalmente ganharam o título de modernos.

Adrienne Mayor, em seu envolvente *Gods and Robots* (Deuses e Robôs, em tradução livre), relata a história contada por Platão sobre a criação dos animais pelos deuses. Ao fazê-los, os deuses relegaram a tarefa de atribuir suas capacidades a dois titãs, Prometeu e Epimeteu. Este, em particular, assumiu com satisfação a tarefa e deu rapidez aos guepardos, uma armadura aos caranguejos e um grande porte aos elefantes. Os humanos, infelizmente, eram os últimos da fila, e quando chegou a vez deles, a prateleira com as qualidades físicas mais desejáveis já estava vazia. Reconhecendo a urgência de equipar os humanos para a vida no mundo inteiro, Prometeu interveio, fornecendo aos humanos linguagem, fogo e tecnologia, todos roubados dos deuses. Uma história adorável e, de fato, não muito distante da visão dos antropólogos; de posse da linguagem, da habilidade de controlar o fogo e da capacidade de fazer equipamentos, os humanos começaram a se diferenciar do restante do reino animal.

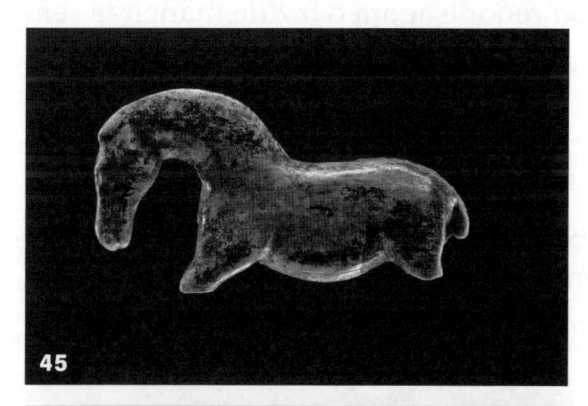

FIGURAS 45 E 46. O grande salto à frente da humanidade: (**Figura 45**) animais requintados esculpidos em marfim de mamute há quase 40 mil anos; (**Figura 46**) as pinturas rupestres mais antigas conhecidas, da Indonésia, datam de cerca de 44 mil anos. *Figura 45, copyright Museum der Universität Tübingen MUT, J. Lipták; Figura 46, cortesia de Adam Brumm, Griffith University, foto por Ratno Sardi*

Sem dúvidas, os ambientes em mutação moldaram a evolução humana, com nossos ancestrais se adaptando às mudanças na paisagem africana. A narrativa de longo prazo da história da Terra, entretanto, mostra que os organismos não simplesmente refletem seus ambientes, eles ajudam a moldá-los, e, nesse aspecto, os humanos não são diferentes. Bem, somos diferentes, mas não por causar pouco efeito em nosso planeta, mas porque nossa influência é muito grande. O *Homo sapiens* sempre, desde o início, moldou o mundo ao redor e agora o faz de maneiras sem precedentes, o mais recente passo de dança na sinfonia da Terra e da vida.

Há 20 mil anos, uma enorme camada de gelo glacial cobria a metade setentrional da América do Norte. Ao sul das margens que delimitam essa área congelada, formando um arco de Cape Cod a Montana, planícies de vegetação rasteira — tundra e estepe — e florestas de abetos sustentavam uma notável diversidade de mamíferos, incluindo mamutes e mastodontes, rinocerontes-lanudos, ursos-das-cavernas, lobos atrozes, leões-das-cavernas e tigres-dente-de-sabre, cavalos, camelos, preguiças-gigantes e gliptodontes, tatus extintos do tamanho de um Fusca da VW. Há 10 mil anos, todos desapareceram. O que os levou?

O gelo começou a derreter faz uns 15 mil anos e, após uma última onda de frio, entre 10 mil e 13 mil anos atrás, a Terra passou por um rápido processo de aquecimento, introduzindo o mundo interglacial em que vivemos hoje. Chamo esse intervalo de "interglacial", e não de "pós-glacial", porque, nos últimos milhões de anos, a Terra oscilou entre o frio glacial e o calor interglacial em uma escala de tempo de 100 mil anos ditada por variações metronômicas na órbita da Terra ao redor do Sol. Não há nenhum motivo para crer que o calor atual seja outra coisa senão uma pausa interglacial cujo destino é ceder o lugar a um novo avanço glacial no futuro. Bem, ao menos não havia nenhuma razão para pensar assim até que os humanos industriais apareceram.

Os climas temperados se expandiam na América do Norte entre 10 mil e 13 mil anos atrás, e conforme isso acontecia, as populações de plantas migraram para o norte, originando associações comunitárias diferentes de qualquer outra vista hoje. Foram muitos os cientistas que argumentaram que as populações de mamíferos despencaram em decorrência da mudança ambiental e da vegetação desconhecida. O estresse ambiental pode, de fato, ter sido um fator que colaborou para criar as condições propícias à extinção de mamíferos, mas mudanças climáticas similares ocorreram repetidamente durante os milhões de anos anteriores sem grandes perdas de espécies. Alguma coisa mais parecia estar acontecendo.

Essa "alguma coisa" era o *Homo sapiens*. Embora com uma longa história na África e na Eurásia, os humanos não foram ao Novo Mundo antes que a última era glacial estivesse em declínio. Recentemente, arqueólogos relataram evidências de que humanos haviam se estabelecido ao longo do rio Salmon, em Idaho, entre 16.300 e 16.500 anos atrás, registrando uma primeira onda de migração do nordeste da Ásia, provavelmente ao longo da costa do

Pacífico. A população humana — a qual chamamos de Clovis após sua descoberta inicial perto de Clovis, Novo México — expandiu-se rapidamente e ganhou novas e sofisticadas ferramentas de pedra pouco antes do desaparecimento dos grandes mamíferos. A presença da caça na cultura de Clovis é corroborada pelos inúmeros locais de matança e esquartejamento, e isso, por sua vez, indica que os humanos tiveram um papel relevante na remoção de grandes espécies de mamíferos da América do Norte. É inteiramente factível que a caça e a mudança ambiental estivessem envolvidas, mas, na ausência de humanos, a fauna do continente poderia parecer diferente hoje. Na Austrália, a chegada de humanos ocorrida entre 40 mil e 50 mil anos atrás também coincidiu com o desaparecimento de animais nativos. Por outro lado, na desabitada Ilha Wrangell, um pedaço de terra isolado no Mar de Chukchi, ao norte da Sibéria, os mamutes sobreviveram até cerca de 4 mil anos atrás. Faraós egípcios poderiam tê-los capturado para exibições públicas, se soubessem onde procurar.

Assim, os humanos começaram a afetar a Terra biológica desde cedo, e nosso impacto se aceleraria ao longo do tempo. Uma segunda e, em última análise, decisiva influência teve início por volta de 11 mil anos atrás, em uma crescente que se desloca, em curva, do norte de Israel e da Jordânia para a Síria, a Turquia e o Iraque. Ali, as pessoas desenvolveram a agricultura, aprendendo a cultivar e colher figos, cevada, grão de bico e lentilhas. Em mil anos, ovelhas, cabras, porcos e gado foram domesticados. De fato, a agricultura se desenvolveu autonomamente em diversas partes do mundo, incluindo China (há 9 mil anos), Mesoamérica (há 10 mil anos), Andes (há 7 mil anos) e partes da África Subsaariana (há 6,5 mil anos). É moda hoje em dia lamentar essa transição cultural, pois a agricultura trocou a caça e a coleta por alimentos menos nutritivos cuja obtenção era mais trabalhosa e menos confiável. Pode ser, mas aqueles de nós que usam iPhones, apreciam filmes ou sobrevivem ao câncer veem algumas vantagens na reorganização social decorrente da revolução agrícola. Menos pessoas eram necessárias para produzir mais alimentos, liberando outras para buscar arte, invenção e comércio.

É claro que, à medida que o cultivo da terra e as pastagens se expandiam, a influência humana sobre a natureza crescia proporcionalmente. Núcleos habitacionais se formaram e alguns deles cresceram e se transformaram em cidades. A população e, consequentemente, o comércio aumentaram. De início, a pegada ambiental dos humanos cresceu lentamente. Quer na época de Cristo, quer mil anos depois, a vida e, de fato, o impacto humano em nosso planeta seriam bastante semelhantes. Nossos números não mudaram muito nesse intervalo, girando em torno de 200 milhões. No entanto, conforme os humanos aprendiam a explorar os recursos energéticos que jaziam sob nossos pés, aumentavam aceleradamente o tamanho populacional, a inovação tecnológica e a influência ambiental: em menos de dois séculos, passamos da potência gerada pelo vapor para a gasolina e o combustível de aviação. A população humana ultrapassou o bilhão por volta de 1800, atingindo 2 bilhões em 1930 e 4 bilhões em 1975. Caminhamos para completar outra duplicação na próxima década. O impacto ambiental de cada indivíduo se expandiu notavelmente em face do crescimento da população. Os combustíveis fósseis são extraídos desde o século XIX, mas seu uso aumentou quase dez vezes desde a Segunda Guerra Mundial.

DE CERTA MANEIRA, a Revolução Industrial deu início a uma era de ouro da humanidade. A população global crescia rapidamente, refletindo os benefícios da saúde pública e da prosperidade, que se expandiam amplamente, ainda que de forma desigual, em todo o mundo. Porém, agora, as mesmas inovações que nos permitem alimentar e vestir mais de 7 bilhões de pessoas submetem a Terra à pressão cada vez maior de um verdadeiro torniquete. Essa pressão vem de duas direções: efeitos diretos nos organismos e uma influência crescente no ambiente físico da Terra. Um excelente exemplo de efeitos diretos, a agricultura ocupa atualmente metade da superfície habitável da Terra, deslocando plantas, animais e microorganismos de seu antigo ambiente. Também colocamos em xeque os ecossistemas naturais poluindo o ar e a água, o solo e o mar. E, claro, a moeda de troca da poluição é a condição da vida humana, seja o ar irrespirável em Delhi ou a água intragável em

Flint, Michigan. Mas ela também provoca danos à diversidade, produtividade e resiliência ecológica das comunidades naturais, da qual escapam poucos, se algum, ecossistemas.

A título de ilustração, cumpre citar as sinistramente chamadas "zonas mortas" encontradas no Golfo do México e em outros mares costeiros. Os agricultores espalham grandes quantidades de fertilizantes pelos campos de trigo e milho em todo o continente da América do Norte. O fertilizante aumenta o rendimento das plantações, mas a maioria de seus nutrientes nunca é absorvida pelas plantas em crescimento; com isso, o excedente é jogado nos rios pela chuva e águas subterrâneas para, por fim, ser despejado no Golfo do México. Lá, o fertilizante cumpre seu papel, promovendo a proliferação sazonal de algas. Conforme as algas submergem e alcançam o fundo do mar, são consumidas por bactérias que respiram, esgotando o oxigênio nos ambientes aquáticos. Ausente o oxigênio necessário para o crescimento e metabolismo, os animais no fundo do mar ou perto dele perecem em grande número. Em 1988, quando a zona morta do Golfo foi reconhecida pela primeira vez, abrangia uma área de 39 km^2; em 2017, a atingia cerca de 27.730 km^2, aproximadamente o tamanho de Nova Jersey. Centenas e centenas de outras zonas mortas foram localizadas em águas costeiras ao redor do mundo, todas tóxicas para a vida marinha.

A diversidade biológica também é diretamente afetada por nós ao explorarmos seletivamente plantas e animais para alimentação ou comércio. Com isso, transportam-se espécies para longe de seus habitats naturais, onde algumas invadirão comunidades estrangeiras. O rinoceronte, um dos animais mais incomuns e majestosos de nosso planeta, é uma espécie de garoto-propaganda da superexploração. Valorizados em regiões da Ásia pelas (fantasiosas) propriedades afrodisíacas de seus chifres, os rinocerontes há muito são caçados na África e na Ásia. Em consequência, todas suas populações correm risco de extinção, e o rinoceronte-branco do norte, outrora encontrado em toda a África central, está praticamente extinto na natureza. Globalmente, a caça esgotou inúmeras populações de pássaros e mamíferos, e muitas — de condores a elefantes — exigirão intensas ações contínuas de preservação para existirem no mundo de nossos netos.

Em comparação, o mar dá a impressão de vastidão e intocabilidade à maioria de nós, como se fosse de alguma forma imune às depredações humanas. Essa ficção, contudo, foi desnudada nos últimos anos. Basta olhar para a pesca comercial para ver nela o dedo da superexploração. Cerca de 3 bilhões de pessoas dependem de frutos do mar para obter proteínas, mas uma em cada seis pescarias em termos globais colapsou nas últimas décadas. Outros 30% de todos os estoques de peixes comerciais foram retirados das águas além de seus limites sustentáveis, e a maior parte do restante foi pescado até esse limite ecológico. O colapso dos estoques de bacalhau em Grand Banks [local de pesca internacional no oceano Atlântico] mostra o quanto as coisas podem dar errado. As populações de bacalhau, que renderam mais de 800 mil toneladas de pescado em 1958, foram declaradas comercialmente extintas em 1992, alterando o próprio tecido cultural da Terra Nova [província canadense] adjacente. A pesca comercial foi proibida, mas, passadas quase três décadas, o bacalhau ainda não se recuperou.

Nem a vastidão dos oceanos os protege da poluição. Estima-se que cerca de um caminhão de lixo de plástico é jogado nos oceanos a cada minuto, destruindo um número crescente de populações de animais em muitas partes do mar.

PERTURBAÇÃO DE HABITATS, poluição, superexploração e espécies invasoras têm reduzido os ecossistemas naturais há mais de um século. Estatísticas preocupantes corroboram o que lemos por aí: mais de 10% das espécies de mamíferos nativos da Austrália desapareceram desde a colonização europeia, as populações de aves norte-americanas decresceram quase 30% a contar de 1970, e as populações de insetos nas pastagens europeias diminuíram quase 80% na última década. Todavia, o que nossos netos considerarão como a influência mais contundente da humanidade na Terra está apenas começando. À medida que o século XXI avança, a destruição do habitat e males semelhantes não serão contidos, com o agravante de que ocorrerão em um planeta que, por si próprio, está mudando drasticamente. A grande questão daqui para frente é o aquecimento global, mudanças no planeta engendradas pela participação humana no ciclo do carbono.

Para entender essa tempestade à vista no horizonte, é preciso voltar, mais uma vez, para a relação fundamental entre dióxido de carbono e clima e, de modo mais amplo, para as interações entre a Terra e a vida no ciclo do carbono. Uma revisão aqui é oportuna: plantas e outros organismos fotossintéticos extraem CO_2 do ar e da água, fixando carbono para formar as biomoléculas necessárias para o crescimento e reprodução. Animais, fungos e incontáveis microrganismos obtêm energia respirando essas moléculas, devolvendo o carbono ao meio ambiente como CO_2. A fotossíntese e a respiração quase se equilibram, mas não inteiramente. A porção "quase" constitui-se de matéria orgânica que escapa da respiração e dos processos relacionados, acumulando-se nos sedimentos. Parte dessa matéria orgânica soterrada sofre maturação e transforma-se em petróleo, carvão e gás natural. Essas substâncias retornarão ao ciclo do carbono da superfície apenas lentamente, ao longo de milhões de anos, conforme as placas tectônicas catapultam os sedimentos para as montanhas, expondo-os ao intemperismo químico e à erosão. Ao menos era assim que funcionava até a Revolução Industrial.

Na parte física do ciclo do carbono, os vulcões expelem CO_2 na atmosfera, ao passo que o intemperismo químico o remove, e o carbono acaba se depositando como calcário. Atuando juntos, esses processos determinam a quantidade de dióxido de carbono na atmosfera. E como o CO_2 é um gás de acentuado efeito estufa, isso também regula o clima ao longo do tempo. Vimos no Capítulo 7 que há 252 milhões de anos, no final do Período Permiano, vulcões enormes lançaram vastas quantidades de CO_2 na atmosfera, causando aquecimento global, acidificação dos oceanos (uma queda fisiologicamente significativa do pH da água do mar) e esgotamento de oxigênio nas águas marinhas. Em terra e no mar, a diversidade biológica foi devastada. No quente "dia seguinte" do vulcanismo, as taxas de intemperismo químico aumentaram, e ao longo de milhares de anos, restauraram o CO_2 na atmosfera ao seu nível pré-catástrofe.

Vulcões podem ser o dispositivo com o qual a natureza conta para interferir no ciclo do carbono, mas os humanos introduziram mecanismos novos e igualmente potentes: a queima de combustíveis fósseis e o desmatamento de florestas para a agricultura. Formados ao longo de centenas de milhões de anos, o carvão, petróleo e gás natural agora devolvem seu carbono à atmosfera a taxas impressionantes. No século XXI, a contribuição dos humanos na injeção de dióxido de carbono na atmosfera é cem vezes maior do que a de todos os vulcões do mundo juntos. Mas, se por um lado os humanos tecnológicos aumentaram drasticamente a taxa de acréscimo de CO_2 na atmosfera e nos oceanos, nada (ainda) foi feito para aumentar sua taxa de remoção, e, portanto, o CO_2 no ar que nos envolve só cresce.

Em algum momento, a Terra mais quente aumentará as taxas de intemperismo químico, reequilibrando o dióxido de carbono atmosférico, seguindo o exemplo do que ocorreu após a extinção do final do Permiano. Porém, tal como no passado, esse processo levará milhares de anos. Do ponto de vista de nossas próprias vidas, e as de nossos filhos e netos, o CO_2 está em uma viagem só de ida para cima.

Sabemos da elevação do nível de CO_2 na atmosfera porque podemos medi-la (Figura 47). Em 1958, Charles David Keeling começou a monitorar a composição da atmosfera, fazendo leituras de hora em hora em uma estação no topo de Mauna Loa, um programa até hoje em atividade. Na medição inicial, o ar acima do Havaí continha 316 partes por milhão (ppm) de dióxido de carbono. Em maio de 2020, o CO_2 aumentou para 417 ppm, uma concentração presente pela última vez na Terra há milhões de anos. Caso não haja mudanças sociais radicais, chegaremos a 500 ppm em meados do século, situação parecida com a do ar no mundo quente de antes do início das geleiras da Antártida e jamais experimentada por humanos ou nossos ancestrais hominídeos.

O aumento observado de CO_2 é impulsionado principalmente pela queima de combustíveis fósseis, algo que sabemos porque esse processo deixa uma assinatura química no ar. Nos últimos sessenta anos, enquanto alguns cientistas mediam a *quantidade* de dióxido de carbono na atmosfera, outros mediam a composição isotópica de carbono desse CO_2. A proporção dos dois isótopos estáveis do carbono, carbono-12 e carbono-13, não é a mesma entre os principais reservatórios de carbono da Terra, e podemos usar as diferenças para identificar a fonte do CO_2 adicionado à atmosfera. O dióxido de carbono no gás vulcânico não será o adequado, nem o CO_2 dissolvido na água do mar — suas composições isotópicas simplesmente não podem explicar a mudança na composição isotópica do CO_2 na atmosfera. Já a matéria orgânica formada por meio da fotossíntese tem a composição certa para tal fim. Com base apenas em isótopos estáveis, a fonte do CO_2 injetado na atmosfera pode estar no desmatamento ou nos combustíveis fósseis, mas quando adicionamos análises do terceiro isótopo do carbono, carbono-14, a resposta fica clara. Como o carbono-14 é radioativo, decaindo em nitrogênio em uma escala de tempo de milhares de anos, está modestamente presente em organismos vivos, mas é indetectável em combustíveis fósseis formados há milhões de anos. Segundo as mensurações, a quantidade proporcional de carbono-14 no CO_2 atmosférico diminuiu ao longo do tempo de uma forma que permite identificar a principal origem do aumento de CO_2 na atmosfera: carvão, petróleo e gás natural, queimados por seres humanos para fornecer energia e calor para uma população crescente.

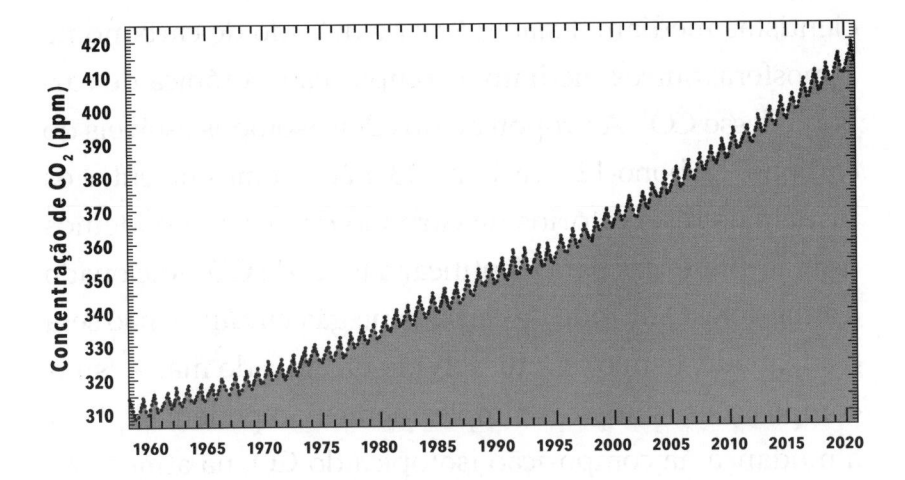

FIGURA 47. A quantidade de dióxido de carbono na atmosfera, medida de hora em hora desde 1958 em uma estação no topo de Mauna Loa, no Havaí. As pequenas oscilações anuais refletem o fato de que há mais terra no Hemisfério Norte do que abaixo do equador e, consequentemente, mais fotossíntese no verão do norte, reduzindo os níveis de dióxido de carbono. No inverno do norte, a fotossíntese diminui, mas a respiração mantém seu ritmo, restaurando o dióxido de carbono na atmosfera.
Scripps Institution of Oceanography

Conforme adicionamos gases de efeito estufa à atmosfera, devemos esperar que a superfície da Terra vá se aquecendo, e é exatamente o que está acontecendo. Isso é algo que também podemos medir (Figura 48). Hoje em dia, monitoramos o globo por meio de satélites, mas as temperaturas de um século atrás precisam ser obtidas de antigos registros meteorológicos e oceanográficos, que acrescentam um pouco de incerteza. Não obstante, o consenso científico é o de que, nos últimos cem anos, a temperatura média da superfície do nosso planeta elevou-se um pouco menos de 1° C, com os polos esquentando mais rapidamente do que as latitudes mais baixas. No Acordo de Paris (2016), as nações do mundo comprometeram-se a limitar o aquecimento global a menos de 2° C acima dos valores pré-industriais. Já estamos quase na metade do caminho e, apesar dos enormes benefícios bem-sucedidos, fracassaremos a menos que mudemos substancialmente nosso rumo.

Quais consequências viriam do aquecimento da Terra? Em parte, isso depende de onde você está; haverá vencedores e perdedores. Uma estimativa recente indica que até 2050, Toronto terá um clima muito parecido com o da atual Washington, D.C. Alguns canadenses podem ter pela frente uma vida com menos neve, mas cabe pensar nos habitantes de Washington nessa ocasião, com o calor e a umidade do verão excedendo em muito o clima já opressivo de hoje. Um estudo da Brookings Institution sugere que, nos EUA, os estados ao longo da fronteira canadense se beneficiarão economicamente, ao menos um pouco, com as mudanças climáticas do século XXI. Por outro lado, os estados do sul serão penalizados, com alguns condados perdendo mais de 15% da renda atual. Alguns podem ver justiça poética nisso — o maior ônus econômico onde a negação das mudanças climáticas tem sido mais difundida; porém, mais cedo ou mais tarde, todos nós teremos um preço a pagar à medida que a Terra se aquece. E com as temperaturas mudando, o regime de chuvas também muda. A disponibilidade de água já é um ponto de conflito geopolítico, e conforme os anos do século XXI forem se acumulando, essa questão ganhará cada vez mais importância.

Prevê-se uma diminuição da precipitação para o sudoeste dos Estados Unidos, áreas povoadas do Oriente Médio, sudoeste da África, Península Ibérica e muitas outras regiões. Quase 2 bilhões de pessoas que dependem do degelo sazonal das geleiras das montanhas em baixas latitudes também verão a disponibilidade de água se reduzir enquanto as geleiras que as sustentam encolhem e, por fim, desaparecem.

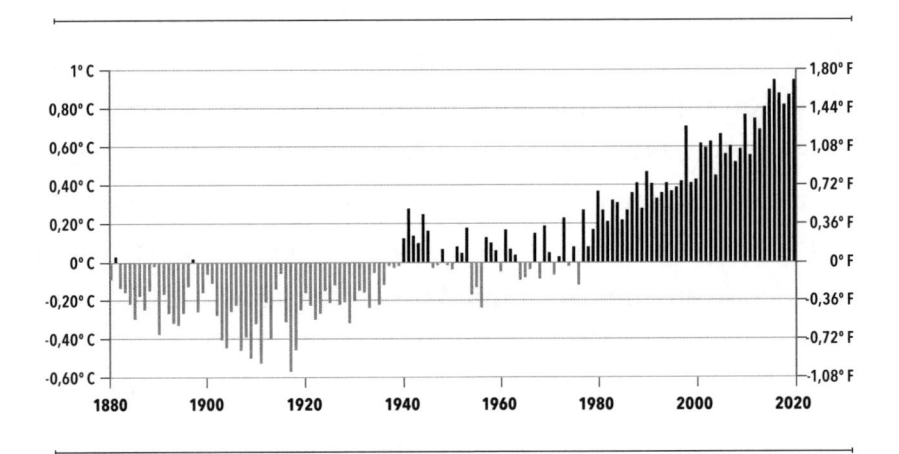

FIGURA 48. Temperatura global nos últimos 140 anos. O gráfico mostra o desvio das temperaturas de maio em relação à média do século XX. Antes de 1940, as temperaturas globais estavam consistentemente abaixo da média do século XX. A partir de 1978, elas têm ficado consistentemente acima da média e mais altas a cada ano. *Fonte: NOAA Climate.gov*

O clima extremo, cada vez mais frequente, representa outro desafio para o século XXI e adiante. Incêndios devastadores na Califórnia e na Austrália decorrem de calor e seca pronunciados, condições que raramente ocorreram no passado. O temor evidente é o de que os extremos climáticos se tornem mais comuns em todo o mundo em função da aceleração das mudanças globais. As implicações para a segurança alimentar e a estabilidade política são enormes.

E a natureza? De que maneira as plantas, os animais e microrganismos responderão às consequências da mudança global em termos de perturbação de habitat, superexploração, poluição e invasões de espécies? As respostas das populações em face de ambientes em mudança podem ser a adaptação, a migração (à procura de seu habitat preferido enquanto ele muda) ou a extinção. Os biólogos documentaram alguns exemplos convincentes de adaptação rápida, mas as altas taxas de mudança global do século XXI serão um teste decisivo para muitas espécies. A migração também será um desafio e tanto, porque, no mundo moderno, as rotas de migração podem ser comprometidas por campos, cidades e superestradas. Sendo este o caso, como minimizar a terceira opção?

Parques nacionais, refúgios e áreas de proteção desempenham um papel fundamental na conservação de espécies ameaçadas pela destruição do habitat e coisas desse tipo. Precisamos dos refúgios disponíveis e nos beneficiaríamos enormemente com sua expansão. No entanto, em que medida seremos capazes de conservar espécies caso os climas das áreas protegidas continuem mudando? Corredores protegidos para viabilizar a migração serão úteis, mas quer as terras sejam ou não protegidas, as mudanças climáticas alterarão a distribuição de muitas espécies. Com isso, espécies completamente estranhas umas à outras se encontrarão no mesmo lugar, com consequências amplamente desconhecidas para a competição e a resiliência do ecossistema.

Tendo em vista a aceleração das mudanças climáticas, o mar mais uma vez parece mostrar sua cara de paisagem, pois, vasto como é, pode se isolar da influência humana. Mas, novamente, essa percepção está inteiramente equivocada. Por um lado, o nível do mar está subindo, graças ao derretimento glacial que leva as águas de volta para os oceanos e porque a água do mar aquecida se expande. Durante o século XX, o nível médio global do mar aumentou de 15 a 20 centímetros, acelerando nos últimos anos. As estimativas para 2100 são eivadas de incertezas, mas na maioria das previsões haverá um aumento adicional de 50 a 100 centímetros. Isso pode não parecer muito, mas para quem mora em Veneza, Bangladesh, um atol do Pacífico — ou na Flórida —, a mudança no nível do mar impactará drasticamente sua vida. E à medida que o nível do mar aumenta, as propriedades físicas da água do mar se modificam. Não surpreendentemente, com o CO_2 aumentando na atmosfera, os oceanos, tal como a superfície da terra, ficam mais quentes. Conforme a água aquece, ela pode carregar menos oxigênio, de modo que os oceanos perderão esse elemento, especialmente em águas profundas. E como os oceanos, na verdade, absorvem grande parte do dióxido de carbono emitido pelas atividades humanas, diminuindo o pH da água do mar, entra em cena o que conhecemos por acidificação dos oceanos. Sim, é isso mesmo: o trio de assassinos acionado pelo vulcanismo do final do Permiano retornará com força durante o século XXI. Aliás, já começou.

Melhor do que qualquer lugar do mundo, a Grande Barreira de Corais da Austrália exemplifica à perfeição os desafios interligados de um planeta em mutação. Um extraordinário colar de coral que se estende por mais de 2.300 km, o recife embeleza a costa nordeste da Austrália há milhões de anos, dando guarida a uma imensa diversidade biológica enquanto protege as terras adjacentes das tormentas. Em que pese essa longa história, um estudo recente concluiu que, entre 1987 e 2012, o recife perdeu cerca de 50% de sua cobertura de corais vivos, principalmente pela ação de ciclones e predação por estrelas do mar vorazes estimuladas por picos de nutrientes do escoamento agrícola. Agora o torniquete está se apertando ainda mais, em conformidade com o aumento da temperatura da água do mar e a diminuição do pH. Dezenas de experimentos de laboratório e de campo apontam que, à medida que o pH da água do mar cai, a capacidade dos corais de secretar seus esqueletos de carbonato diminui. Assim, com a aceleração da acidificação dos oceanos, os corais podem não mais ser capazes de construir as estruturas de calcário que definem os recifes e dão suporte à sua diversidade biológica. E com as temperaturas dos oceanos crescendo, surge outro problema. Os corais de recife são basicamente agricultores, obtendo a maior parte de sua nutrição a partir de algas que vivem entremeadas neles. Talvez cause surpresa, mas quando a temperatura ambiente ultrapassa um certo ponto crítico, os corais expelem suas algas, um processo denominado branqueamento (já que os corais ficam brancos). No passado, dada a relativa raridade da ocorrência de extremos de temperatura, os corais branqueados geralmente se recuperavam obtendo mais algas. Agora, contudo, a elevação das temperaturas torna os eventos de branqueamento mais frequentes, significando a morte de corais de recife: em 2016 e 2017, o branqueamento consecutivo no norte da Grande Barreira de Corais acabou com cerca de metade das colônias de corais na região, e o renovado branqueamento de 2020 espalhou a perda de corais por toda a extensão do recife. Biólogos intrépidos descobriram corais tolerantes à temperatura em partes do Oceano Pacífico, os quais, ao lado de programas de recolonização assistida de corais, ainda podem sustentar ecossistemas de recifes em todo o mundo. Mas a areia da ampulheta está escoando rápido para alguns dos ecossistemas mais extraordinários do nosso planeta.

CADA VEZ MAIS OS GEÓLOGOS se referem à nossa era como Antropoceno, para dar ênfase à tremenda influência dos humanos no mundo em volta e à sua distinção de tudo o que veio antes. Acho provável que geólogos e paleontólogos do futuro, ao olhar para o mundo atual, reconheçam-no como incomum, marcado por taxas geologicamente raras de mudança ambiental e um declínio da diversidade biológica semelhante (assim se espera) às de extinções menores no passado, e não às extinções em massa que colocaram um ponto-final nas eras Paleozoica e Mesozoica. De todos os fenômenos associados à mudança global antropogênica, entretanto, talvez o que mais impressione seja a resposta humana — que, até agora, tem sido pequena. E não é por falta de aviso. Já em 1957, o oceanógrafo Roger Revelle explicou claramente como o aumento dos níveis de CO_2 na atmosfera provocaria alterações climáticas e, em consequência, nos ecossistemas ao redor do mundo. E a cada década a partir de então, a mensagem dos cientistas ficou mais clara — e mais assustadora. Parece difícil para as pessoas se animarem em face da lentidão das mudanças que ocorrem ao longo de décadas, mas essa escala de tempo é enganosa. Se você tem 20 anos, estamos falando de mudanças profundas em sua vida; se você tem 60 anos, trata-se do mundo que seus netos enfrentarão. Incêndios, furacões, escassez de água, colapso da pesca, questões de refugiados — por mais desafiadores que pareçam hoje, eles se tornarão piores com a passagem dos anos.

Estão por aí, é claro, aqueles que, por se beneficiarem financeiramente do status quo, espalham desinformação sobre a mudança global. Há muito o debate envolvendo câncer e tabagismo nos ensinou sobre aqueles que priorizam o dinheiro hoje, em vez de um mundo melhor amanhã. Os argumentos econômicos para a inação são egoístas e ilusórios porque não levam em conta o custo de não fazer nada. Estimativas recentes indicam que cada dólar gasto hoje para modificar a maneira como vivemos e trabalhamos retribuirá um dividendo de U$5 até o final do século.

Certamente, existem incertezas associadas às previsões sobre o futuro do clima e suas consequências. Atribui-se ao grande físico Niels Bohr ter dito, gracejando, que "é difícil fazer previsões, especialmente sobre o futuro", e se foi Bohr ou outra pessoa o verdadeiro autor, a afirmação é inegavelmente verdadeira. No passado, as previsões científicas sobre as mudanças climáticas do século XXI às vezes estavam erradas, mas principalmente porque subestimaram o ritmo das mudanças. Os cientistas são inerentemente conservadores, e continuamos a saber de feedbacks, até então pouco apreciados, que aceleram o aquecimento global e intensificam suas consequências. Talvez, então, as previsões mais precisas que podemos fazer são as de que (1) é improvável que não haja "nenhuma mudança" por conta das atividades humanas neste século e (2) a mudança pode ser mais rápida e mais acentuada do que os modelos atuais antecipam.

Previsões terríveis sobre o futuro podem provocar desesperança e resignação, mas, na verdade, são muito parecidas com o "Fantasma do Natal Ainda por Vir", de

Charles Dickens em *Um Cântico de Natal*. O fantasma disse a Scrooge o que aconteceria se ele não fizesse nada para mudar de atitude. Scrooge mudou, para o benefício de todos. Com certeza é assustador o desafio de resguardar nosso futuro social enquanto garantimos um mundo natural configurado por 4 bilhões de anos de evolução, e cada ano de inércia torna a tarefa maior e mais urgente. Por meio do compromisso global, no entanto, temos a capacidade de legar um mundo seguro e saudável para nossos filhos. No Ocidente desenvolvido, podemos diminuir nossa pegada ambiental fazendo escolhas sábias sobre comida, casa e transporte e apoiando alternativas sustentáveis para aqueles ao redor do mundo que aspiram a melhores condições de vida. Como cidadãos, podemos dar nosso apoio a iniciativas que visam conservar a diversidade biológica e desenvolver tecnologias amigas da Terra — vêm à mente, por exemplo, novas formas de baterias (que aproveitem ao máximo as fontes de energia sustentáveis) e mecanismos para retirar o dióxido de carbono do ar. É notória a advertência de George Washington, em seu discurso de despedida ao povo norte-americano, sobre "lançar pouco generosamente sobre a posteridade o fardo que nós mesmos deveríamos carregar". Washington estava falando de impostos e da dívida pública, mas suas palavras são igualmente aplicáveis às mudanças climáticas globais e suas consequências. Uma geração atrás, os Estados Unidos e seus aliados concentraram talentos e recursos extraordinários na construção de uma bomba. Talvez possamos ter a mesma determinação de oferecer um mundo melhor para nossos netos.

Então aí está você, no legado físico e biológico de 4 bilhões de anos. Antes, onde você hoje caminha, trilobitas deslizavam pelo antigo fundo do mar, dinossauros se arrastavam pesadamente pelas encostas cobertas de Gingko e mamutes reinavam em uma planície frígida. Uma vez foi o mundo deles, e agora é o seu. A diferença com relação aos dinossauros, claro, é que você pode compreender o passado e prever o futuro. O mundo que você herdou não é apenas seu, é sua responsabilidade. O que acontece a seguir depende de você.

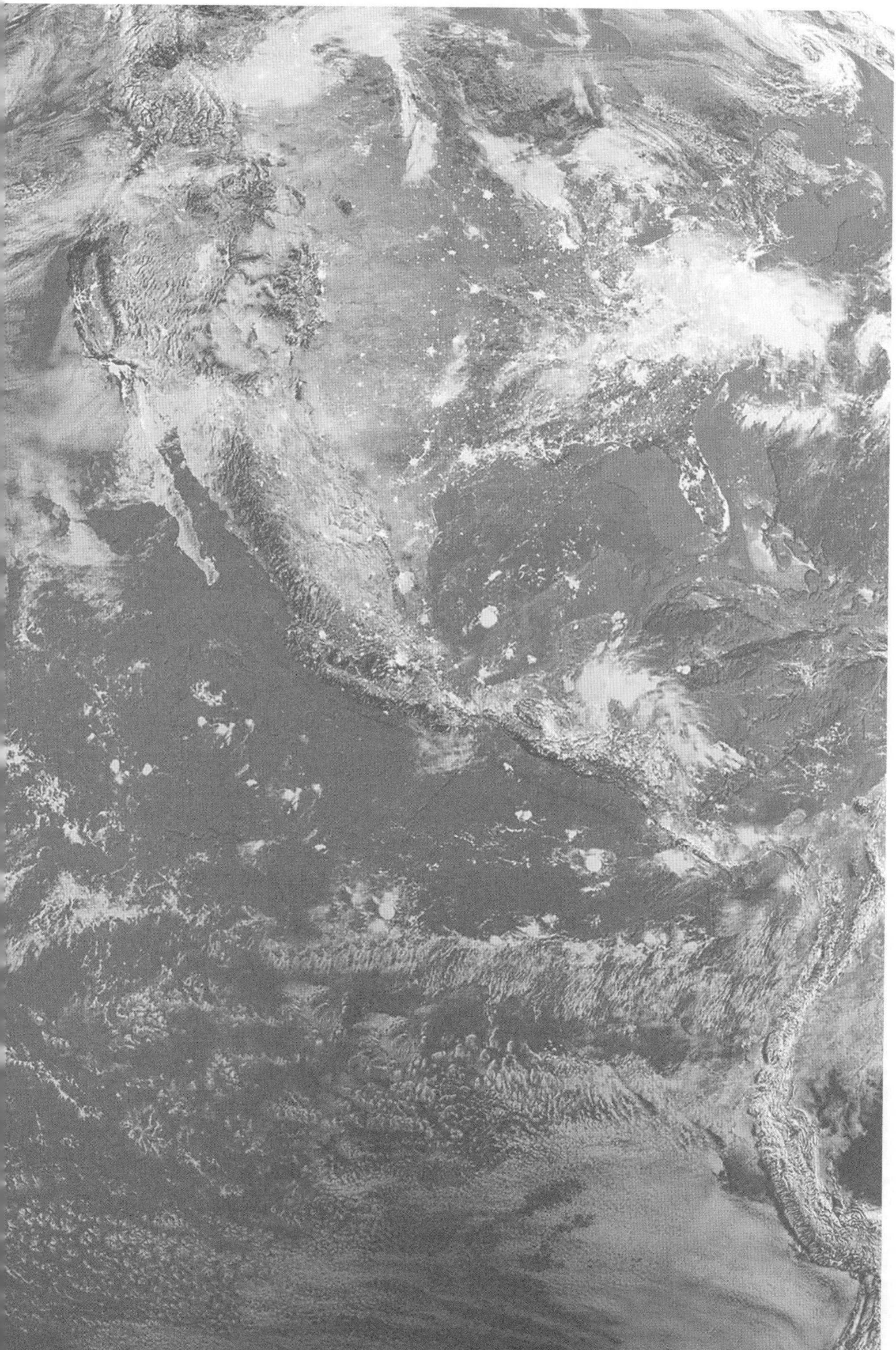

Leitura Adicional

1 | TERRA QUÍMICA

○ LEITURAS ACESSÍVEIS

Eric Chaisson (2006). *Epic of Evolution: Seven Ages of the Cosmos.* Columbia University Press, Nova York, 478 pp.

Robert M. Hazen (2012). *The Story of Earth: The First 4.5 Billion Years, from Stardust to Living Planet.* Viking, Nova York, 306 pp.

Harry Y. McSween (1997). *Fanfare for Earth: The Origin of Our Planet and Life.* St. Martin's Press, Nova York, 252 pp.

Neil de Grasse Tyson (2017). *Astrophysics for People in a Hurry.* W. W. Norton and Company, Nova York, 222 pp.

○ MAIS REFERÊNCIAS TÉCNICAS

Edwin Bergin e outros (2015). "Tracing the Ingredients for a Habitable Earth from Interstellar Space Through Planet Formation." *Proceedings of the National Academy of Sciences, USA.* 112: 8965–8970.

T. Mark Harrison (2009). "The Hadean Crust: Evidence from >4 Ga Zircons." *Annual Review of Earth and Planetary Sciences*. 37: 479–505.

Roger H. Hewins (1997). "Chondrules." *Annual Review of Earth and Planetary Sciences*. 25: 61–83.

Anders Johansen e Michiel Lambrechts (2017). "Forming Planets via Pebble Accretion." *Annual Review of Earth and Planetary Sciences*. 45: 359–87.

Harold Levison e outros (2015). "Growing the Terrestrial Planets from the Gradual Accumulation of Submeter-sized Objects." *Proceedings of the National Academy of Sciences, USA*. 112: 14180–85.

Bernard Marty (2012). "The Origins and Concentrations of Water, Carbon, Nitrogen and Noble Gases on Earth." *Earth and Planetary Science Letters*. 313–14: 56–66.

Anne Peslier (2020). "The Origins of Water." *Science*. 369: 1058.

Laurette Piani e outros (2020). "Earth's Water May Have Been Inherited from Material Similar to Enstatite Chondrite Meteorites." *Science*. 369: 1110–13.

Elizabeth Vangioni e Michel Cassé (2018). "Cosmic Origin of the Chemical Elements Rarety in Nuclear Astrophysics." *Frontiers in Life Science*. 10: 84–97.

Jonathan P. Williams e Lucas A. Cieza (2011). "Protoplanetary Disks and Their Evolution." *Annual Review of Astronomy and Astrophysics.* 49: 67–117.

Kevin Zahnle (2006). "Earth's Earliest Atmosphere." *Elements.* 2: 217–22.

2 | TERRA FÍSICA

○ *LEITURAS ACESSÍVEIS*

Charles H. Langmuir e Wally Broecker (2012). *How to Build a Habitable Planet: The Story of Earth from the Big Bang to Humankind*. Princeton University Press, Princeton, NJ, 736 pp.

Alan McKirdy e outros (2017). *Land of Mountain and Flood: The Geology and Landforms of Scotland*. 9ª edição, Birlinn Ltd., Edimburgo, Escócia, 322 pp. (Este é um guia de viagem informativo para a Escócia; Mountain Press publica uma série de livros Roadside Geology para viajantes curiosos nos Estados Unidos.)

Naomi Oreskes, editor (2003). *Plate Tectonics: An Insider's History of the Modern Theory of the Earth*. Westview Press, Boulder, CO, 448 pp. (Republicado como um ebook em 2018 por RC Press.)

United States Geological Survey, website: "Understanding Plate Motions." https://pubs.usgs.gov/gip/dynamic/understanding.html.

LEITURA ADICIONAL

○ MAIS REFERÊNCIAS TÉCNICAS

Annie Bauer e outros (2020). "Hafnium Isotopes in Zircons Document the Gradual Onset of Mobile-lid Tectonics." *Geochemical Perspectives Letters*. 14: 1-6.

Jean Bédard (2018). "Stagnant Lids and Mantle Overturns: Implications for Archaean Tectonics, Magmagenesis, Crustal Growth, Mantle Evolution, and the Start of Plate Tectonics." *Geoscience Frontiers*. 9: 19-49.

Ilya Bindeman e outros (2018). "Rapid Emergence of Subaerial Landmasses and Onset of a Modern Hydrologic Cycle 2.5 Billion Years Ago." *Nature*. 557: 545-48.

Alec Brenner e outros (2020). "Paleomagnetic Evidence for Modern-like Plate Motion Velocities at 3.2 Ga." *Science. Advances* 6, nº 17, eaaz8670, doi:10.1126/sciadv.aaz8670.

Peter Cawood e outros (2018). "Geological Archive of the Onset of Plate Tectonics." *Philosophical Transactions of the Royal Society*, London. 376A: 20170405, doi: 10.1098/rsta.20170405.

Chris Hawkesworth e outros (2020). "The Evolution of the Continental Crust and the Onset of Plate Tectonics." *Frontiers in Earth Science*. 8: 326, doi: 10.3389/feart.2020.00326.

Anthony Kemp (2018). "Early Earth Geodynamics: Cross Examining the Geological Testimony." *Philosophical Transactions of the Royal Society*, London. 371A: 20180169, doi: 10.1098/rsta.2018.0169.

Jun Korenaga (2013). "Initiation and Evolution of Plate Tectonics on Earth: Theories and Observations." *Annual Review of Earth and Planetary Sciences.* 41: 117–51.

Craig O'Neill e outros (2018). "The Inception of Plate Tectonics: A Record of Failure." *Philosophical Transactions of the Royal Society,* London. 371A: 20170414, doi: 10.1098/rsta.20170414.

3 | TERRA BIOLÓGICA

○ **LEITURAS ACESSÍVEIS**

David Deamer (2019). *Assembling Life: How Can Life Begin on Earth and Other Habitable Planets?* Oxford University Press, Oxford, UK, 184 pp.

Paul G. Falkowski (2015). *Life's Engines: How Microbes Made Earth Habitable.* Princeton University Press, Princeton, NJ, 205 pp.

Andrew H. Knoll (2003). *Life on a Young Planet: The First Three Billion Years of Life on Earth.* Princeton University Press, Princeton, NJ, 277 pp.

Nick Lane (2015). *The Vital Question: Energy, Evolution and the Origins of Complex Life.* W. W. Norton and Company, Nova York, 360 pp.

Martin Rudwick (2014). *Earth's Deep History: How It Was Discovered and Why It Matters.* University of Chicago Press, Chicago, 360 pp.

○ MAIS REFERÊNCIAS TÉCNICAS

Abigail Allwood e outros (2006). "Stromatolite Reef from the Early Archaean Era of Australia." *Nature.* 441: 714–18.

Giada Arney e outros (2016). "The Pale Orange Dot: The Spectrum and Habitability of Hazy Archean Earth." *Astrobiology.* 16: 873–99.

Tanja Bosak e outros (2013). "The Meaning of Stromatolites." *Annual Review of Earth and Planetary Sciences.* 41: 21–44.

Martin Homann (2018). "Earliest Life on Earth: Evidence from the Barberton Greenstone Belt, South Africa." *Earth-Science Reviews.* 196, doi: 10.1016/j.earscirev.2019.102888.

Emmanualle Javaux (2019). "Challenges in Evidencing the Earliest Traces of Life." *Nature.* 572: 451–60.

Gerald Joyce e Jack Szostak (2018). "Protocells and RNA Self-replication." *Cold Spring Harbor Perspectives in Biology,* doi: 10.1101/cshperspect.a034801.

William Martin (2020). "Older Than Genes: The Acetyl CoA Pathway and Origins." *Frontiers in Microbiology.* 11: 817, doi: 10.3389/fmicb.2020.00817.

Matthew Powner e John Sutherland (2011). "Prebiotic Chemistry: A New Modus Operandi." *Philosophical Transactions of the Royal Society,* London. 366B: 2870–77.

Alonso Ricardo e Jack Szostak (2009). "Origins of Life on Earth." *Scientific American.* 301, n° 3, Special Issue: 54–61.

LEITURA ADICIONAL

Eric Smith e Harold Morowitz (2016). *The Origin and Nature of Life on Earth: The Emergence of the Fourth Geosphere.* Cambridge University Press, Cambridge, UK, 691 pp.

Norman Sleep (2018). "Geological and Geochemical Constraints on the Origin and Evolution of Life." *Astrobiology.* 18: 1199-1219.

4 | TERRA COM OXIGÊNIO

○ **LEITURAS ACESSÍVEIS**

John Archibald (2014). *One Plus One Equals One*. Oxford University Press, Oxford, UK, 205 pp.

Donald E. Canfield (2014). *Oxygen: A Four Billion Year History*. Princeton University Press, Princeton, NJ, 196 pp.

Nick Lane (edição revisada, 2016). *Oxygen: The Molecule That Made the World*. Oxford University Press, Oxford, UK, 384 pp.

○ **MAIS REFERÊNCIAS TÉCNICAS**

Ariel Anbar e outros (2007). "A Whiff of Oxygen Before the Great Oxidation Event?" *Science*. 317: 1903-6.

Andre Bekker e outros (2010). "Iron Formation: The Sedimentary Product of a Complex Interplay Among Mantle, Tectonic, Oceanic, and Biospheric Processes." *Economic Geology*. 105: 467-508.

David Catling (2014). "The Great Oxidation Event Transition." *Treatise on Geochemistry* (2° edição). 6: 177-95.

T. Martin Embley e William Martin (2006). "Eukaryotic Evolution, Changes and Challenges." *Nature*. 440: 623-30.

Laura Eme e outros (2017). "Archaea and the Origin of Eukaryotes." *Nature Reviews in Microbiology*. 15: 711-23.

Jihua Hao e outros (2020). "Cycling Phosphorus on the Archean Earth: Part II. Phosphorus Limitation on Primary Production in Archean Oceans." *Geochimica et Cosmochimica Acta*. 280: 360-77.

Heinrich Holland (2006). "The Oxygenation of the Atmosphere and Oceans." *Philosophical Transactions of the Royal Society*, Londres. 361B: 903-15.

Olivia Judson (2017). "The Energy Expansions of Evolution." *Nature Ecology and Evolution*. 1: 138.

Andrew H. Knoll e outros (2006). "Eukaryotic Organisms in Proterozoic Oceans." *Philosophical Transactions of the Royal Society*, Londres. 361B: 1023-38.

Timothy Lyons e outros (2014). "The Rise of Oxygen in Earth's Early Ocean and Atmosphere." *Nature*. 506: 307-15.

Simon Poulton e Donald Canfield (2011). "Ferruginous Conditions: A Dominant Feature of the Ocean Through Earth's History." *Elements*. 7: 107-12.

Jason Raymond e Daniel Segre (2006). "The Effect of Oxygen on Biochemical Networks and the Evolution of Complex Life." *Science*. 311: 1764–67.

Bettina Schirrmeister e outros (2016). "Cyanobacterial Evolution During the Precambrian." *International Journal of Astrobiology*. 15: 187–204.

5 | TERRA ANIMAL

O **LEITURAS ACESSÍVEIS**

Mikhail Fedonkin e outros (2007). *The Rise of Animals: Evolution and Diversification of the Kingdom Animalia.* Johns Hopkins University Press, Baltimore, MD, 344 pp.

Richard Fortey (2001). *Trilobite; Eyewitness to Evolution.* Vintage, Nova York, 320 pp.

John Foster (2014). *Cambrian Ocean World: Ancient Sea Life of North America.* Indiana University Press, Bloomington, IN, 416 pp.

Stephen Jay Gould (1990). *Wonderful Life: The Burgess Shale and the Nature of History.* W. W. Norton and Company, Nova York, 352 pp.

O **MAIS REFERÊNCIAS TÉCNICAS**

Graham Budd e Sören Jensen (2000). "A Critical Reappraisal of the Fossil Record of the Bilaterian Phyla." *Biological Reviews.* 75: 253–95.

Allison Daley e outros (2018). "Early Fossil Record of Euarthropoda and the Cambrian Explosion." *Proceedings of the National Academy of Sciences,* USA. 115: 5323-31.

Patricia Dove (2010). "The Rise of Skeletal Biominerals." *Elements.* 6: 37-42.

Douglas Erwin e James Valentine (2013). *The Cambrian Explosion: The Construction of Animal Biodiversity.* W. H. Freeman, Nova York, 416 pp.

Douglas Erwin e outros (2011). "The Cambrian Conundrum: Early Divergence and Later Ecological Success in the Early History of Animals." *Science.* 334: 1091-97.

P.U.P.A. Gilbert e outros (2019). "Biomineralization by Particle Attachment in Early Animals." *Proceedings of the National Academy of Sciences,* USA. 116: 17659-65.

Paul Hoffman (2009). "Neoproterozoic Glaciation." *Geology Today.* 25: 107-14.

Andrew H. Knoll (2011). "The Multiple Origins of Complex Multicellularity." *Annual Review of Earth and Planetary Sciences.* 39: 217-39.

M. Gabriela Mángano e Luis Buatois (2020). "The Rise and Early Evolution of Animals: Where Do We Stand from a Trace-Fossil Perspective?" *Interface Focus.* 10, no. 4: 20190103.

Guy Narbonne (2005). "The Ediacara Biota: Neoproterozoic Origin of Animals and Their Ecosystems." *Annual Review of Earth and Planetary Sciences.* 33: 421-42.

LEITURA ADICIONAL

Erik Sperling e Richard Stockey (2018). "The Temporal and Environmental Context of Early Animal Evolution: Considering All the Ingredients of an 'Explosion.'" *Integrative and Comparative Biology*. 58: 605–22.

Alycia Stigall e outros (2019). "Coordinated Biotic and Abiotic Change During the Great Ordovician Biodiversification Event: Darriwilian Assembly of Early Paleozoic Building Blocks." *Palaeogeography, Palaeoclimatology, Palaeoecology*. 530: 249–70.

Shuhai Xiao e Marc Laflamme (2008). "On the Eve of Animal Radiation: Phylogeny, Ecology and Evolution of the Ediacara Biota." *Trends in Ecology and Evolution*. 24: 31–40.

6 | TERRA VERDE

○ **LEITURAS ACESSÍVEIS**

Steve Brusatte (2018). *The Rise and Fall of the Dinosaurs: A New History of a Lost World*. HarperCollins, Nova York, 404 pp.

Paul Kenrick (2020). *A History of Plants in Fifty Fossils*. Smithsonian Books, Washington, D.C., 160 pp.

Neil Shubin (2008). *Your Inner Fish: A Journey into the 3.5-Billion-Year History of the Human Body*. Pantheon Books, Nova York, 229 pp.

○ **MAIS REFERÊNCIAS TÉCNICAS**

Jennifer Clack (2012). *Gaining Ground: The Origin and Evolution of Tetrapods*. 2ª edição. Indiana University Press, Bloomington, IN, 544 pp.

Blake Dickson e outros (2020). "Functional Adaptive Landscapes Predict Terrestrial Capacity at the Origin of Limbs." *Nature*. doi.org/10.1038/s41586-020-2974-5.

Else Marie Friis e outros (2011). *Early Flowers and Angiosperm Evolution.* Cambridge University Press, Cambridge, UK, 595 pp.

Patricia Gensel (2008). "The Earliest Land Plants." *Annual Review of Ecology, Evolution and Systematics.* 39: 459-77.

Patrick Herendeen e outros (2017). "Palaeobotanical Redux: Revisiting the Age of the Angiosperms." *Nature Plants.* 3: 17015, doi: 10.1038/nplants.2017.15.

Zhe-Xi Luo (2007). "Transformation and Diversification in Early Mammal Evolution." *Nature.* 450: 1011-19.

Jennifer Morris e outros (2018). "The Timescale of Early Land Plant Evolution." *Proceedings of the National Academy of Sciences,* USA. 115: E2274-83.

Eoin O'Gorman and and David Hone (2012). "Body Size Distribution of the Dinosaurs." *PLOS One.* 7(12): e51925.

Jack O'Malley-James e Lisa Kaltenegger (2018). "The Vegetation Red Edge Biosignature Through Time on Earth and Exoplanets." *Astrobiology.* 18: 1127-36.

P. Martin Sander e outros (2011). "Biology of the Sauropod Dinosaurs: the Evolution of Gigantism." *Biological Reviews.* 86: 117-55.

Chistine Strullu-Derrien e outros (2019). "The Rhynie Chert." *Current Biology.* 29: R1218-23.

7 | TERRA CATASTRÓFICA

○ LEITURAS ACESSÍVEIS

Walter Alvarez (edição atualizada, 2015). *T. rex and the Crater of Doom*. Princeton University Press, Princeton, NJ, 208 pp.

Michael Benton (2005). *When Life Nearly Died: The Greatest Mass Extinction of All Time*. Thames & Hudson, Londres, 336 pp.

Douglas Erwin (edição atualizada, 2015). *Extinction: How Life on Earth Nearly Ended 250 Million Years Ago*. Princeton University Press, Princeton, NJ, 320 pp.

○ MAIS REFERÊNCIAS TÉCNICAS

Luis W. Alvarez e outros (1980). "Extraterrestrial Cause for the Cretaceous-tertiary Extinction." *Science*. 208: 1095–108.

Richard K. Bambach (2006). "Phanerozoic Biodiversity: Mass Extinctions." *Annual Review of Earth and Planetary Sciences*. 34: 127–55.

Richard K. Bambach e outros (2004). "Origination, Extinction, and Mass Depletions of Marine Diversity." *Paleobiology*. 30: 522–42.

Seth Burgess e outros (2014). "High-precision Timeline for Earth's Most Severe Extinction." *Procedings of the National Academy of Sciences*, USA. 111: 3316–21.

Jacopo Dal Corso e outros (2020). "Extinction and Dawn of the Modern World in the Carnian (Late Triassic)." *Science Advances*. 6: eaba0099.

Seth Finnegan e outros (2012). "Climate Change and the Selective Signature of the Late Ordovician Mass Extinction." *Proceedings of the National Academy of Sciences*, USA. 109: 6829–34.

Sarah Greene e outros (2012). "Recognising Ocean Acidification in Deep Time: An Evaluation of the Evidence for Acidification Across the Triassic-Jurassic Boundary." *Earth-Science Reviews*. 113: 72–93.

Pincelli Hull e outros (2020). "On Impact and Volcanism Across the Cretaceous-Paleogene Boundary." *Science*. 367: 266–72.

Wolfgang Kiessling e outros (2007). "Extinction Trajectories of Benthic Organisms Across the Triassic–Jurassic Boundary." *Palaeogeography, Palaeoclimatology, Palaeoecology*. 244: 201–22.

Andrew H. Knoll e outros (2007). "A Paleophysiological Perspective on the End-Permian Mass Extinction and Its Aftermath." *Earth and Planetary Science Letters*. 256: 295-313.

Jonathan L. Payne e Matthew E. Clapham (2012). "End-Permian Mass Extinction in the Oceans: An Ancient Analog for the Twenty-First Century?" *Annual Review of Earth and Planetary Science*. 40: 89-111.

Bas van de Schootbrugge e Paul Wignall (2016). "A Tale of Two Extinctions: Converging End-Permian and End-Triassic Scenarios." *Geological Magazine*. 153: 332-54.

Peter Schulte e outros (2010). "The Chicxulub Asteroid Impact and Mass Extinction at the Cretaceous-Paleogene Boundary." *Science*. 327: 1214-18.

8 | TERRA HUMANA

○ *LEITURAS ACESSÍVEIS*

Sandra Diaz e outros, editores (2019). "Intergovernmental Science-Policy Platform on Biodiversity and Ecosystem Services (IPBES), Summary for Policymakers of the Global Assessment Report of the Intergovernmental Science-Policy Platform on Biodiversity and Ecosystem Services." IPBES Secretariat. https://ipbes.net/global-assessment-report-biodiversity-ecosystem-services.

Yuval Noah Harari (2015). *Sapiens: A Brief History of Humankind.* HarperCollins, Nova York, 443 pp.

Louise Humphrey e Chris Stringer (2019). *Our Human Story.* Natural History Museum, Londres, 158 pp.

Elizabeth Kolbert (2014). *The Sixth Extinction: An Unnatural History.* Henry Holt and Company, Nova York, 319 pp.

Daniel Lieberman (2013). *The Story of the Human Body: Evolution, Health and Disease.* Vintage, Nova York, 460 pp.

Mark Muro e outros (2019). "How the Geography of Climate Damage Could Make the Politics Less Polarizing."

Brookings Institution Report; https://www.brookings. edu/research/how-the-geography-of-climate-damage-
-could-make-the-politics-less-polarizing. (Veja também *The Economist,* 21 a 27 de setembro de 2019, pp. 31–32.) Callum Roberts (2007). *The Unnatural History of the Sea.* Island Press, Washington, D.C., 435 pp.

○ *MAIS REFERÊNCIAS TÉCNICAS*

Jean-Francois Bastin e outros (2019). "Understanding Climate Change from a Global Analysis of City Analogues." *PLOS One* 14(7): e0217592.

Glenn De'ath e outros (2012). "The 27-Year Decline of Coral Cover on the Great Barrier Reef and Its Causes." *Proceedings of the National Academy of Sciences,* USA. 109: 17995–99.

Sandra Diaz e outros (2019). "Pervasive Human-driven Decline of Life on Earth Point to the Need for Transformative Change." *Science.* 366: eaax3100, doi: 10.1126/science.aaw3100.

Rudolfo Dirzo e outros (2014). "Defaunation in the Anthropocene." *Science.* 345: 401–6.

Jacquelyn Gill e outros (2011). "Pleistocene Megafaunal Collapse, Novel Plant Communities, and Enhanced Fire Regimes in North America." *Science.* 326: 1100–103.

Peter Grant e outros (2017). "Evolution Caused by Extreme Events." *Philosophical Transactions of the Royal Society*, London. 372B: 20160146.

Ove Hoegh-Guldberg e outros (2019). "The Human Imperative of Stabilizing Global Climate Change at 1.5°C." *Science*. 365: eaaw6974.

Paul Koch e Anthony Barnosky (2006). "Late Quaternary Extinctions: State of the Debate." *Annual Review of Ecology Evolution and Systematics*. 37: 215-50.

Xijun Ni e outros (2013). "The Oldest Known Primate Skeleton and Early Haptorhine Evolution." *Nature*. 498: 60-64.

Bernhart Owen e outros (2018). "Progressive Aridification in East Africa over the Last Half Million Years and Implications for Human Evolution." *Proceedings of the National Academy of Sciences*, USA. 115: 11174-79.

Felisa Smith e outros (2019). "The Accelerating Influence of Humans on Mammalian Macroecological Patterns over the Late Quaternary." *Quaternary Science Reviews*. 211: 1-16.

John Woinarski e outros (2015). "Ongoing Unraveling of a Continental Fauna: Decline and Extinction of Australian Mammals Since European Settlement." *Proceedings of the National Academy of Sciences*, USA. 112: 4531-40.

Bernard Wood (2017). "Evolution: Origin(s) of Modern Humans." *Current Biology*. 27: R746-69.

ÍNDICE

ÍNDICE

A

acidificação dos oceanos 172, 205, 213-214
ácidos graxos 61
Acordo de Paris 209
acreção 13, 61
adaptação 211
aftershock 42
agricultura 198
algas 67
   eucarióticas 118
   verdes 138
amebas 97, 138
aminoácidos 24, 59
amniotas 147
amônia 60
amonitas 160, 180
anfíbios 147
Antropoceno 214
aquecimento global 172, 204
Arborea 113-115
Archaeopteryx 154-156
Ardipithecus ramidus 187
arenito 33, 86, 113
"armadilha" 170
Armadilhas Siberianas 168-170
arqueas 58, 90-91
artrópodes 120, 137, 173
árvore genealógica 108
átomos 3-4
australopitecinos 188

B

bacias oceânicas 38
bactérias simbióticas 107
basalto 170
Big Bang 3-5
bilaterias 109
biomassa 131
biosfera 95
   moderna 117
biota 165
   fotossintética 118
Bombardeio Pesado Tardio 26
briozoários 126-128
buracos negros 6

C

calcário 67
cálcio 6
camadas sedimentares 105
campo magnético 15-16, 38
Carbonífero 144-145
carbono 5, 70, 88, 107-14 18, 207
   ciclo do 90, 112, 204
   fixar 107
carnívoros 147
catástrofe biológica 170
celacanto 139
células eucarióticas 97
Cenozoico 185
Charles Darwin 187
chimpanzés 186
cianeto de hidrogênio 60

cianobactérias 67, 92, 118, 138, 146
ciclo
   de Wilson 46
   do enxofre 87
clima 204
cloroplastos 98
cnidárias 109
cobalto 9
cobertura estagnada 47-48
cocolitóforos 162-163
colonização 143
combustíveis fósseis 206
cometa 23
condrito 11, 24, 61
consequências do aquecimento da Terra 209
continentes à deriva 36
convecção 16, 41
cordilheira submarina 37
cratera Eagle 55-56
Cretáceo 146, 185
crocodilos 148
crosta 16
crustáceos decápodes 174-182
cutícula 134

D

decaimento 78
denisovianos 192
depleção em massa 179
desmatamento florestal 205

deutério 5, 23
diamante 15
diatomáceas 77, 97
dilema do ovo e da galinha 62
dinossauromorfos 147
dinossauros XX, 146
dióxido de carbono XVII-XVIII, 59, 171, 204
dipnoicos 139-140
disco protoplanetário 8
disponibilidade de água 209
diversificação biológica 165
DNA 60, 62
  antigo 72
dorsal
  mesoatlântica 37
  meso-oceânica 38

E

ecologia 93
ecossistemas 96, 185, 200
  mesozoicos 175
  ruptura dos 179
  terrestres 131, 144
efeito estufa 76, 112, 172, 205
  gases de XXI
elementos-traço 49
encélado 57
energia 107
  escura 5
enxofre 14, 85
  isótopos de 87
enzima 62

Éon
  Fanerozoico 78-79, 110
  Proterozoico 117
Epimeteu 194
epitélios 108
era
  Cenozoica 159
  glacial 110, 191
  Mesozoica 147, 159
  Paleozoica 147
erosão 11, 204
escala de tempo geológica 77
espécies invasoras 203
esponjas 120
esporopolenina 137
esporos 137
esqueletos mineralizados 115
estômatos 134
estromatólitos 70, 73
Eucariotas 97
evento
  de Tunguska 181
  orogênico 21
evolução 58
Explosão Cambriana 122
extinção 211
  em massa 165, 179

F

fermentação 91
ferro 5, 14, 85
fisiologia 171
Flatirons 32
floresta amazônica 175-176

fontes termais 64
foraminíferos 162
força da gravidade XVII
formações ferríferas 85
formaldeído 60
fósforo 6, 135
fósseis 105, 118
  cambrianos 122
fotossíntese 97, 112, 131, 204
  oxigenada 92
fungos 138

G

gás natural 60
genética populacional 164
glossopetrae 32
glossopteris 36
glúons 3
Gondwana 44-45
grafite 22
Grande Evento de Oxigenação da Terra (GOE) 92, 95
gravidade 4

H

hélio 5
herbívoros 147
heterotrofia 107
hidrogênio 4, 76, 89
hipercapnia 173
hominídeos 187-189
Homo
  erectus 191
  florensiensis 192
  sapiens 191

ÍNDICE

I

Idade do Ferro 90
impacto humano 199
impermanência geológica 32
intemperismo 126, 186, 204
  horizonte de 86
  químico 86, 143
irídio 160
isótopos 70
  radioativos 18, 38

J

John McPhee, autor 31
Jurássico 146

L

lamito 85, 162
léptons 3
leveduras 91
libélulas 145
linha do gelo 9
lipídios 61, 118
lítio 5
litosfera 40, 48
Lucy 188-190

M

magma 15
  oceano de 20
magnetismo 38
manto 15
  convectivo 50
Marte 55
matéria
  escura 5
  orgânica 24, 75

material mantélico 142
meia-vida 18, 21-22, 78
Mesozoico 174
metabolismo 58, 64
metamorfismo 74
metano 59, 172
meteorito 11
micróbios 123, 131
microfósseis 69, 99, 159
micrometeoritos 160
migração 211
  lateral 49-52
mitocôndrias 98
moléculas
  da vida 59
  orgânicas 60, 90
moluscos 173
Monte
  Everest 32
  Fuji 32
mudanças
  ambientais 165
  climáticas 197
multicelularidade 99
musgos 145

N

neandertais 83, 192
nematoides 137
nitrogênio 5, 76, 94, 135
núcleo 14
  externo 14
  interno 14

O

oomicetos 138

Opabinia 122
Opportunity, robô 55
Ordoviciano Tardio 126
organelas 98
organismos multicelulares 131
origem da vida, labirinto da 64
"o trio mortal" 172
ouro 6
  de tolo 85
óxido de ferro 85
oxigênio 76, 83, 108

P

Paleozoico 145
Palisades 148, 175
Pangeia 44, 46, 142
panspermia 65
partículas subatômicas 3
pausa interglacial 197
peixes 139, 173
peptídeos 62
perenidade das espécies 164
período
  Cambriano 119, 131, 165
  Cretáceo 79, 159, 165
  Devoniano 34, 142, 179
  Ediacarano 112
  Ordoviciano 124, 165, 177
  Paleogeno 159-161
  Permiano 173, 205
  Siluriano 34
  Triássico 147
pinturas rupestres 193

pirita 85
placas
  subductadas 39
  tectônicas 39, 42, 46, 149
  afastamento de XIX
placozoas 108
planetesimais 13
plantas 131
poluição 200
proteína 59
protorganismo 62
protozoários 67, 159
pulmões foliáceos 138

Q
quarks 3
quartzo de impacto 163
queima de combustíveis fósseis 205

R
radioatividade 78
raios ultravioleta 137
reações químicas prebióticas 75
reprodução 58
resfriamento global 127
ressecamento 133
Revolução Industrial 200, 204
ribossomo 63
RNA 62-64
rochas 10
  basálticas 16
  cambrianas 78, 119
  devonianas 78
  metamórficas 10
  silurianas 78
  vulcânicas 111, 170

S
salto evolutivo 123
saurópodes 150
sílex 66-67, 133
silício 5
símios 187
síntese neodarwiniana 164
sistemas hidrotermais 75
sistema vascular 135
Sol 7
solo 143
subducção 46, 148
sulfato 85
supernovas 6

T
Tabela Periódica 18-19
tectônica de afundamento 47
Terra Bola de Neve 110-111, 124
Tétis, oceano 44-45
tetrápodes 139, 147
Tiktaalik 141-143
titânio 12
titanossauros 150
trilobitas XX, 131

U
urânio 6

V
vales rifte XIX
velocidade da luz, valor 4
vento solar 15
vertebrados 139
Via Láctea 6
vida
  características 58
  fotossintética 133
  sem oxigênio 87
visão estática da Terra 32
vulcanismo 112, 170, 205

Z
zircão 20, 75
zonas
  de subducção 39-41
  mortas 201-202

Projetos corporativos e edições personalizadas
dentro da sua estratégia de negócio. Já pensou nisso?

Coordenação de Eventos
Viviane Paiva
viviane@altabooks.com.br

Contato Comercial
vendas.corporativas@altabooks.com.br

A Alta Books tem criado experiências incríveis no meio corporativo. Com a crescente implementação da educação corporativa nas empresas, o livro entra como uma importante fonte de conhecimento. Com atendimento personalizado, conseguimos identificar as principais necessidades, e criar uma seleção de livros que podem ser utilizados de diversas maneiras, como por exemplo, para fortalecer relacionamento com suas equipes/ seus clientes. Você já utilizou o livro para alguma ação estratégica na sua empresa?

Entre em contato com nosso time para entender melhor as possibilidades de personalização e incentivo ao desenvolvimento pessoal e profissional.

PUBLIQUE SEU LIVRO

Publique seu livro com a Alta Books.
Para mais informações envie um e-mail para: autoria@altabooks.com.br

/altabooks   /alta-books   /altabooks   /altabooks

CONHEÇA OUTROS LIVROS DA **ALTA BOOKS**

Todas as imagens são meramente ilustrativas.

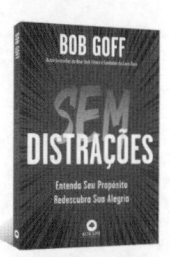

ALTA BOOKS EDITORA   ALTA LIFE EDITORA   ALTA NOVEL   ALTA/CULT EDITORA

FARIAS SILVA EDITORA   EDITORA ALAÚDE   TORDESILHAS   ALTA GEEK

Este livro foi impresso nas oficinas gráficas da Editora Vozes Ltda.,
Rua Frei Luís, 100 – Petrópolis, RJ.